刘杨 袁家宁 主编
陈丹 译

全球趣味包装设计经典案例

中国画报出版社 · 北京

图书在版编目（CIP）数据

全球趣味包装设计经典案例 / 刘杨，袁家宁主编；陈丹译. -- 北京：中国画报出版社，2022.3

ISBN 978-7-5146-1879-2

Ⅰ. ①全… Ⅱ. ①刘… ②袁… ③陈… Ⅲ. ①包装设计 Ⅳ. ①TB482

中国版本图书馆CIP数据核字(2020)第038597号

北京市版权局著作权合同登记号：图字01-2020-1133

全球趣味包装设计经典案例

刘杨 袁家宁 主编　　陈丹 译

出 版 人：于九涛
策　　划：迪赛纳图书
责任编辑：李　媛
责任印制：焦　洋
营销编辑：孙小雨

出版发行：中国画报出版社
地　　址：中国北京市海淀区车公庄西路33号　邮编：100048
发 行 部：010-88417438　010-68414683（传真）
总编室兼传真：010-88417359　版权部：010-88417359

开　　本：16开（880mm×1230mm）
印　　张：22
字　　数：100千字
版　　次：2022年3月第1版　2022年3月第1次印刷
印　　刷：北京汇瑞嘉合文化发展有限公司
书　　号：ISBN 978-7-5146-1879-2
定　　价：198.00元

全球趣味包装设计经典案例

• TAKE ME AWAY 带我走吧！•

目 录

设计师 / 设计机构简介

阿列克谢·帕什宁
(Aleksei Pashnin) 俄罗斯

阿列克谢·帕什宁是一位俄罗斯设计师和插画家，2016 年毕业于英国高等艺术设计学院，主要从事包装设计。

安德烈斯·格雷罗
(Andrés Guerrero) 西班牙

安德烈斯 · 格雷罗已与穆尔西亚 (Murcia) 的很多知名平面设计师和传媒研究机构有长达十年的合作，比如吉米纳尔传媒机构 (Germinal Comunicacion)、设计师爱德华多 · 德尔·弗莱勒(Eduardo del Fraile)、F33(西班牙)和英速亚克·雷亚蒂瓦 (Insignia Creativa)。多年来，他也一直积极与阿法克穆尔机构 (Afacmur，穆尔西亚地区患癌症儿童亲属协会)合作，支持该协会的图文传播，并参与组织协会的活动。目前他是一名独立设计师，专注于企业形象设计、包装设计和图书设计，并与新兴的鲁维奥 · 德和德阿莫 (Rubio Del & Amo) 工作室合作。

安娜格拉玛工作室
(Anagrama Studio) 墨西哥

思想的交流会激发源源不断的灵感。不同观点的彼此调和和综合理解，有利于形塑我们自己的视角，创造出色的作品。因此，长期以来我们一直秉持着友好开放的态度，与媒体和教育界合作。

奥格设计
(Auge Design) 意大利

奥格设计工作室是意大利的一家获奖设计机构，总部设在佛罗伦萨，其业务范围广泛而多元，涉及战略、品牌、包装、空间和数码设计等多个领域。

巴拉兹·凯蒂
(Balázs Kétyi) 匈牙利

巴拉兹 · 凯蒂是一位 23 岁的匈牙利用户界面 / 用户体验设计师和平面设计师。他是埃特丁 (Eterdyn) 公司的联合创始人，同时也是 MSKTRS 数字营销公司的产品设计师。他主要专注于创建识别系统、界面 / 用户设计、多样化的设计理念和解决用户问题。

大卫·霍夫汉尼斯扬 / 维塞沃洛德·阿布拉莫夫
(David Hovhannisyan/ Vsevolod Abramov) 俄罗斯

创意搭档 大卫·霍夫汉尼斯扬 / 维塞沃洛德·阿布拉莫夫组合。

动物园工作室
(Zoo Studio) 西班牙

动物园工作室共有 10 个设计师，每个人的教育背景和专业经验各不相同但又相互补充。团队合作和团队成员的个人能力，让我们在精益求精的高标准下，不断创造出超乎客户预期的设计。

恩塞里奥
(Enserio) 西班牙

我们是平面设计师，喜欢骑自行车，喜欢用简单的方式表达深刻的思想。我们严肃而有创意，激进且追求完美，我们别出心裁，以简驭繁。我们热衷于手工制作和限量版，喜欢团队工作，组织工作坊，热爱打乒乓球。我们是来自班约尔 (Banyoles) 的恩塞里奥设计团队。

菲尔浩斯
(Grand Deluxe) 日本

菲尔浩斯是一家总部位于日本爱媛县的平面设计工作室，由松本晃司于 2005 年创建，曾多次获奖，如中华创意金奖 (ONE SHOW Gold)、纽约年度设计银奖 (New York ADC Silver)、英国全球创意设计铜奖 (D&AD Bronze) 和全球包装设计银奖 (Pentawards Silver)。

富图拉
(Futura) 墨西哥

富图拉工作室由维姬 · 冈萨雷斯 (Vicky González) 和伊万 · 加西亚 (Ivan García) 于 2008 年创立。不同的背景和工作方法的交融让我们有独特的设计方式，我们会在保守和前卫中找到平衡。

我们的共同点在于制定要则，并自始而终地坚守。我们擅长的专业领域不仅仅是视觉艺术，在商业品牌策划和创意方面同样经验丰富。了解客户和项目的首要需求、打造成功的品牌是我们的主要目标，增加附加值是我们的使命，我们从不会让客户失望。

设计师 / 设计机构简介

戈尔多斯特

(Gordost) 俄罗斯

戈尔多斯特是叶卡捷琳堡的一家创意品牌公司，自身拥有无限的创意潜力，在市场开发、市场推广、市场占领地方化和联邦级品牌上也有成功的项目经验。我们所设计的品牌鲜明有力，生动形象且富有意义，总能得到目标受众的认可。戈尔多斯特是我们设计和推广项目的动力，我们努力让客户和志同道合的人感受我们的创作热情。

我们所创造的形象要鲜明醒目，让人过目不忘。为达到这个目标，就必须选择最佳的品牌策略，建立品牌推广渠道，实施一系列创建品牌的措施，包括产品命名、设计标识和定位商标风格，提炼风格元素并将其展示于品牌手册中，将品牌图形改编应用于网站和多媒体产品，树立品牌思维。

骨干品牌

(Backbone Banding) 亚美尼亚

我们是一家独立的品牌工作室，旨在为客户提供非凡的设计方案，是极具创意的商业合作伙伴。我们深刻理解品牌本质，深入挖掘品牌价值，并将其呈现在我们的设计中。这是超越为设计而设计最可靠的方法，可以创造出与消费者有紧密关联度、具有强烈吸引力的品牌。

当然，我们也通过这种方式与世界领先的品牌工作室竞争，并荣获了很多奖项。虽然奖项是对我们自身创造力的证明，也代表了同行对我们作品的欣赏和认可，但获奖却并非我们的目标。奖项只是我们通往更为困难的挑战之路的一种手段。而这正是我们每天清晨被唤醒的原因：与客户一起努力解决日益具有挑战性的品牌问题，为助力客户的商业成就而兴奋。

哈查特瑞安·阿奈特

(Khachatryan Anait) 俄罗斯

哈查特瑞安 · 阿奈特是来自俄罗斯的设计师，她热衷于构建新颖的视觉效果，以此作为通过艺术传递品牌识别的一种方式。

及时设计

(Prompt Design) 泰国

及时设计是一家屡次获奖的一站式服务包装设计机构。我们通过提供战略策略和设计执行上的经验，来帮助客户建立品牌发展业务。

津田弘史

(津田浩) 西班牙

津田弘史是一名日本设计师，于 2000 年移民巴塞罗那。因为喜欢美国文化，他移居芝加哥，之后在美国著名的罗德岛设计学院学习艺术。2005 年，津田弘史在巴塞罗那创立自己的工作室，为客户提供各种设计服务，包括产品设计、家具设计、概念设计、室内设计和平面设计等。津田弘史还经营了一家设计编程公司 (Design Code)，其经营理念是使独树一帜的优秀作品可以被普通公众触手可及。他接受了很多国家的媒体访谈并参与大量的活动，在世界各地进行作品展览。在发展设计师职业生涯的同时，他也在大学担任教职。

金贤美

(김현미) 韩国

金贤美是韩国的一位天才设计师，品牌策划、运营管理、界面设计、用户体验和室内设计都是她擅长的领域。她曾担任多家初创企业的设计总监，工作经验丰富，对公司来说是不可多得的人才。

克里斯蒂娜·拉祖耶娃

(Kristina Razueva) 加拿大

克里斯蒂娜 · 拉祖耶娃是出生于俄罗斯的设计师，在法国、中国、德国等多家跨过公司工作过，擅长品牌推广、品牌标识、食品包装、图形设计和艺术指导。她的目标是为烹饪书籍和杂志出版商工作，做与食品相关的包装设计和标识设计。

拉·博特工作室

(La Boîte Studio) 西班牙

我们是西班牙塞维利亚的一家创意工作室，主要进行产品外观设计，擅长产品包装、品牌命名和品牌识别。独特的包装和品牌设计，旨在提高消费者的关注度，突出产品特性，从而增加销量。我们会基于产品的特质，诠释打动人心的品牌故事，设计出精巧而又有吸引力的包装。

拉斐尔·特谢拉·德·阿维拉·苏亚雷斯

(Rafael Teixeira de Avila Soares) 巴西

自 2014 年我就一直在做设计研究，也对绘图软件、艺术形式和解决实际问题非常感兴趣。我上大学时做的第一个包装项目是设计一个与爵士吉他手韦斯 · 蒙哥马利 (1923—1969) 相关的高档盒子。

雷诺兹和雷纳

(Reynolds and Reyner) 乌克兰

雷诺兹和雷纳的设计理念根植于设计真正的力量。我们认为关键不在于创造高品质品牌的设计体验，而在于我们投入设计的过程，这个过程使得消费者和品牌之间建立起真正的联系。

卢卡斯·迪姆林
(Lukas Diemling) 奥地利

卢卡斯·迪姆林是一位平面设计师和字体艺术家，来自奥地利格拉茨。

玛丽·瓦伦西亚
(Marie Valencia) 新西兰

玛丽·瓦伦西亚是新西兰奥克兰市的一名平面设计师和摄影师，她对创作和设计有浓厚的兴趣。

马塞尔·舍谢洛夫
(Marcel Sheishenov) 吉尔吉斯斯坦

马塞尔·舍谢洛夫是来自吉尔吉斯斯坦的设计师。

南政宏
（南政宏） 日本

我在日本滋贺县工作，针对该地区进行了大量产品设计和品牌推广工作。我们在设计时尤为注重传达商品的品牌价值。我们的产品和包装设计获得了很多世界级大奖。

帕夫拉·丘基纳
(Pavla Chuykina) 俄罗斯

我是帕夫拉·丘基纳，一名平面设计师。我主要从事包装方面的工作，对创造形式新颖、外观独特的设计充满热忱。

融设计
(RONG Design) 中国

融设计是上海的一家多元化设计工作室，专注于品牌和包装设计。汉字“融”指的是融合和交流。顾名思义，我们的设计原则是通过非凡的创意来整合品牌的文化多样性，与公众建立有效的沟通，以增加品牌知名度，促进利润增长。

思想空间
(Thinking*Room) 印度尼西亚

思想空间是位于印度尼西亚雅加达的一家设计公司。该公司成立于 2005 年，以挑战设计极限而闻名，赢得了很多客户的信任，专注于整体设计和品牌概念设计。他们提供全方位的设计服务，包括品牌标识、战略规划、活动策划、内容创作、产品包装、书籍出版、网站设计、媒体运营、动态设计、室内指导、产品展览、设施安装和环境设计等。

塔利·泰珀
(Tali Teper) 以色列

塔利·泰珀是一名 24 岁的学生，来自以色列阿什克隆。毕业于耶路撒冷比撒列艺术与设计学院视觉传达专业，获得学士学位。擅长艺术指导、插图、交互设计和动态设计。

西安高鹏视觉设计有限公司
中国

高鹏视觉设计团队是以市场为导向的商业设计团队。高鹏是团队的核心和首席创意设计师，他擅长创意设计和超级视觉符号造型。

谢尔盖·阿基门科
(Sergei Akimenko) 俄罗斯

谢尔盖·阿基门科是来自俄罗斯顿河河畔的一名平面设计师。他的专长包括设计酒类品牌，塑造品牌的外部形象，提炼品牌理念的经营哲学，外部形象设计以及进行形式创新。他擅长用创新的方式解决问题，用独特的视角创造让人印象深刻的生动的设计形象。

杨雅茹
中国

杨雅茹，台湾科技大学商业设计系学生，主修插画、视觉与包装设计。杨雅茹目前在雅虎台湾分公司实习，担任 EC 创意设计师。

珍妮·乔
(Jenny Joe) 美国

珍妮·乔是一位来自洛杉矶的平面设计师，擅长品牌标识、包装和交互设计。

巴兹优质蜂蜜 (Bzzz Premium Honey)

设计机构：骨干品牌 (Backbone Banding)
设计师：斯蒂芬 · 阿扎里扬 (Stepan Azaryan)
国家：亚美尼亚

源于大自然的设计灵感是最引人注目的。本地的蜂蜜生产商委托我们为优质天然蜂蜜设计产品名称、标识和包装。在完成了六边形的橱柜式包装设计之后，我们面临的新任务是将限量版的蜂蜜罐包装成商务礼品。在与客户见面的简介会上，我们的艺术总监勾画了设计草图，形成了我们的包装设计理念。

这个木质蜂巢是按照仿生学的概念设计的，我们认为这个设计理念无可匹敌，它为技术实现铺平了道路。还有什么容器比蜂巢本身更适合装蜂蜜的吗？至于品牌名称和标识设计，我们模仿了大自然中蜂鸣时的嗡嗡声和蜜蜂飞舞时摇摆的姿态。这是一个让我们倍感自豪的设计，不仅仅是因为它在广告设计界荣获了前所未有的众多奖项，更为重要的是我们得到了来自世界各地的积极反馈。

Bzzz
ARMENIAN HONEY
Bzzz
ARMENIAN HONEY

Bzzz
ARMENIAN HONEY

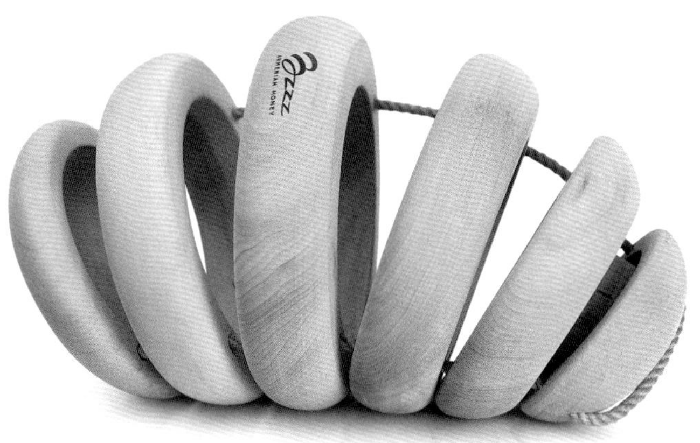
Bzzz
ARMENIAN HONEY

巴兹优质蜂蜜

设计机构：骨干品牌
设计师：斯蒂芬 · 阿扎里扬
国家：亚美尼亚

I bzz you

阿比耶 (Abeeja)

设计师：安德烈斯 · 格雷罗 (Andrés Guerrero)
国家：西班牙
摄影：洛杉矶工业 (La Industrial)
客户：萨尔瓦多 · 萨帕塔 (Salvador Zapata)

阿比耶是一家本地生产商，他们希望尽可能扩大蜂蜜的销售市场。工蜂们在穆尔西亚(Murcia)的柠檬庄园四周的花朵上采蜜，以此酿造的蜂蜜便带有柠檬的清香。

包装背后的理念便是让产品的销售边界越远越好，我们通过联想“蜜蜂”的形象，从品牌名称开始，尝试打破边界。包装标签上一个简单的小切口，便生动形象地展示了蜜蜂的标志性形象——翅膀。这个精妙的设计不仅最大化地利用了裁剪后的商品标签，而且让产品跃居其他产品之上——用飞翔的翅膀。

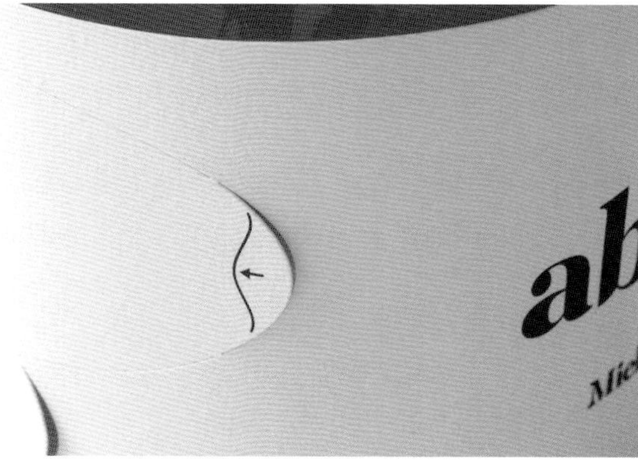

PRODUCCIÓN PROPIA
abeeja
abeeja
Miel de Azahar
abeeja
Miel de Azahar

abeeja
Miel de Azahar

abeeja
Miel de Azahar

竹汁饮料

设计师：马塞尔 · 舍谢洛夫
国家：吉尔吉斯斯坦

将每一个锡罐设计得像真正的竹节，一罐一罐堆起来就像一根真正的竹子。放在货架上，自然别具一格，会得到消费者的青睐。

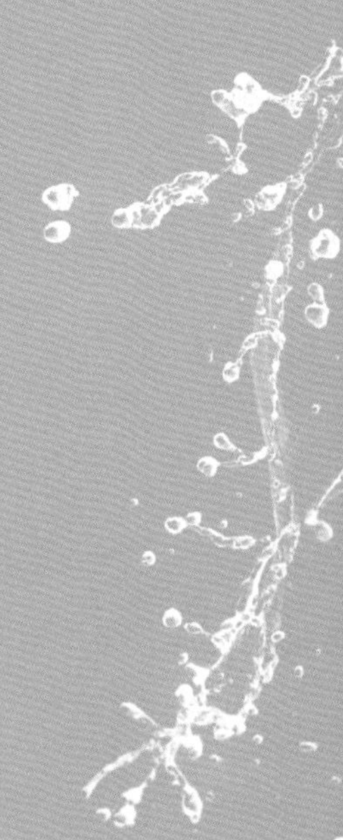

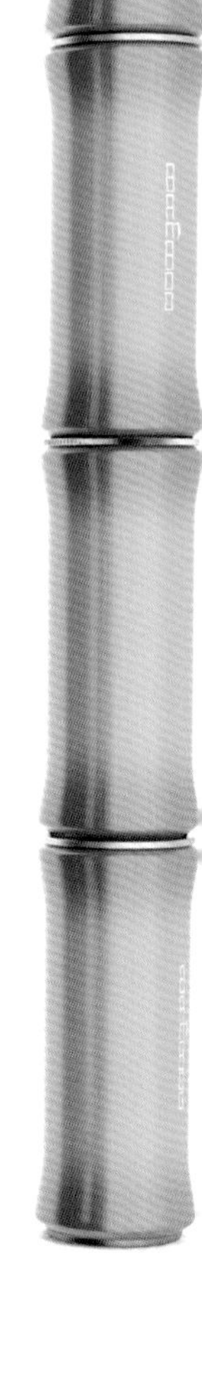
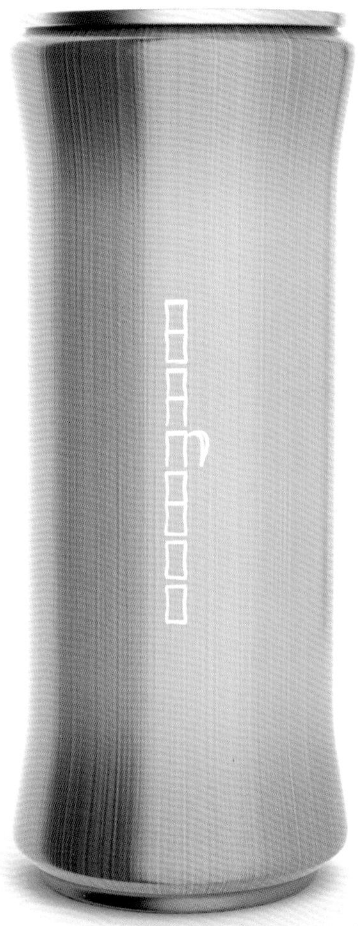

竹汁饮料

设计师：马塞尔 · 舍谢洛夫
国家：吉尔吉斯斯坦

飞碟牛奶

设计师：马塞尔 · 舍谢诺夫
国家：吉尔吉斯斯坦
设计：艾媒创意 (Imedia creative bureau)
艺术指导：马塞尔 · 舍谢诺夫
形象设计：卡纳特 · 卡拉帕萧夫 (Kanat Karapashov)

这瓶牛奶容量大得像是来自另一个世界。

MOLOCOW
spacial edition

百灵花饮
(B-ing Flower Drink)

设计师：拉特哈肯 · 迪斯贾伊耶恩 (Ratthakorn Disjaiyen)、苏蒂 · 安纳姆 (Sutee Onnum)、斯凯 (SKJ)、蓬皮帕特 · 杰萨达拉克 (Pongpipat Jetsadalak)
设计机构：及时设计 (Prompt Design)
国家：泰国
创意总监：颂赞 · 康沃吉特 (Somchana Kangwarnjit)
业务代表：朱塔拉思 · 万凯 (Jutharath Vankaew)、西林 · 普皮亚姆萨基 (Sirin Poopiamsakdi)
后期：蒂亚达 · 阿卡拉西纳库 (Thiyada Akarasinakul)、潘蒂帕 · 帕朴孟 (Pantipa Pummuang)、查里达 (Chalida)
包装材料：塑料、玻璃

现在饮料市场非常热衷于推广新产品和包装。我们的一个有趣的想法，是用新的包装设计来创造一种感知。沿着百灵花饮料瓶瓶盖的虚线，将双层的收缩薄膜撕开的时候，会出现一朵盛放的花。有兰花、菊花、莲花和蝴蝶兰 4 种款式。这个新包装一定会给顾客带来全新的体验，令顾客仿佛闻到清新自然的花之芬芳。

B-ing
Lotus
BEVERAGE
100 ml
B-ing
Chrysanthemum
BEVERAGE
100 ml

雷迈琼糖
(Raimaijon Sugar)

设计机构：及时设计
国家：泰国
客户：雷迈琼巴氏杀菌甘蔗汁
(Raimaijon Pasteurized Sugarcane Juice)

我们与 COR 设计工作室 (COR design Studio) 合作，为泰国甘蔗行业创造了一种新的包装。这种带有文艺色彩的平面设计会给甘蔗糖爱好者一种全新的体验。除了瓶子的外观、手感和质地都设计得很像甘蔗之外，瓶子的形状和大小正适合一层层叠放。从远处看，这种与众不同的设计很容易被顾客注意到。

ไร่ไม่จน
RAI
MAI
JON
PASTEURIZED
SUGARCANE JUICE
น้ำอ้อยพาสเจอร์ไรส์
Net content 180 cc.
ไร่ไม่จน
RAI
MAI
JON
PASTEURIZED
SUGARCANE JUICE
น้ำอ้อยพาสเจอร์ไรส์
Net content 180 cc.
ไร่ไม่จน
RAI
ไร่ไม่จน
RAI
MAI
JON

ไร่ไม่จน
RAIMAIJON

雷迈琼糖

设计机构：及时设计
国家：泰国
客户：雷迈琼巴氏杀菌甘蔗汁

希斯 (SIS)

设计机构：骨干品牌
设计师：斯蒂芬 · 阿扎里扬
国家：亚美尼亚
客户：希斯自然 (SIS Natural)

设计师以仿生学原则为设计理念，仿照花的主要结构——花蕊，设计了完美的两升装的果汁瓶。雌蕊是最先长出来的，它可是果汁形成的源头。雌蕊长出来之后，便会有果子，等果子渐渐熟透了，才可以酿造果汁。瓶子的颜色也是依果汁原本的颜色设计的。在黑白标签大行其道的货架上，色彩鲜艳的包装是自带喇叭的宣传者，与众不同，顺带把推销的问题都解决了。

受水果本身形状的启发，瓶子的结构是依据几何规则设计的。瓶身的形状设计成等边三角形，可以互相拼叠，大大节省了储存空间。瓶身的每个部分都考虑了几何可塑性，大小、比率、线条、弧度都是精心设计的，所以看起来赏心悦目。即使是标签也设计得非常独特，考虑了瓶子的几何特性。因为瓶子表面不平整，想要在瓶子的表面贴便签是不可能的，于是，我们仿照瓶子的形状设计了一种波浪形的标签，固定在瓶身上正合适，完全不需要使用胶水。

SIS
TOMATO
JUICE
2.0 LITER
no preservatives
SIS
APPLE
NECTAR
2.0 LITER
SIS
ORANGE
NECTAR
2.0 LITER
SIS
MULTIFRUIT
NECTAR
2.0 LITER
SIS
ROSE HIP
DRINK
2.0 LITER

希斯

设计师：斯蒂芬 · 阿扎里扬
国家：亚美尼亚
客户：希斯自然

蔬菜汁包装
(Vegetable Juice Packaging)

设计师：克里斯蒂娜·拉祖耶娃 (Kristina Razueva)
国家：加拿大
摄影：克里斯蒂娜·拉祖耶娃

克里斯蒂娜为一家常规的果汁公司做了一个设计，主要是为了介绍风味独特且健康的新型蔬菜汁。原生态的理念影响了主要的设计思路。这个设计旨在使素食主义者和时尚青年增加对无糖果汁的兴趣。和创意思路一致，包装上也避免使用真实的照片和花哨的农场图片。克里斯蒂娜还是一个手工制作爱好者，她用蔬菜制图并手绘字母，让整个设计变得更加完美。

蔬菜汁包装

设计师：克里斯蒂娜 · 拉祖耶娃
国家：加拿大
摄影：克里斯蒂娜 · 拉祖耶娃

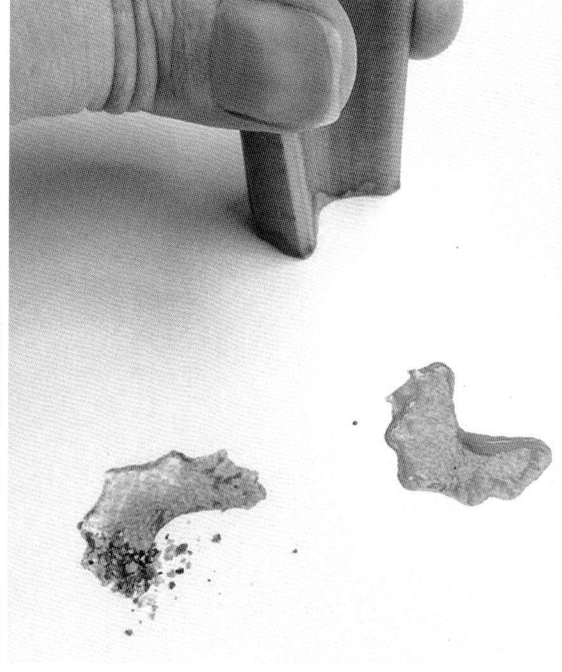

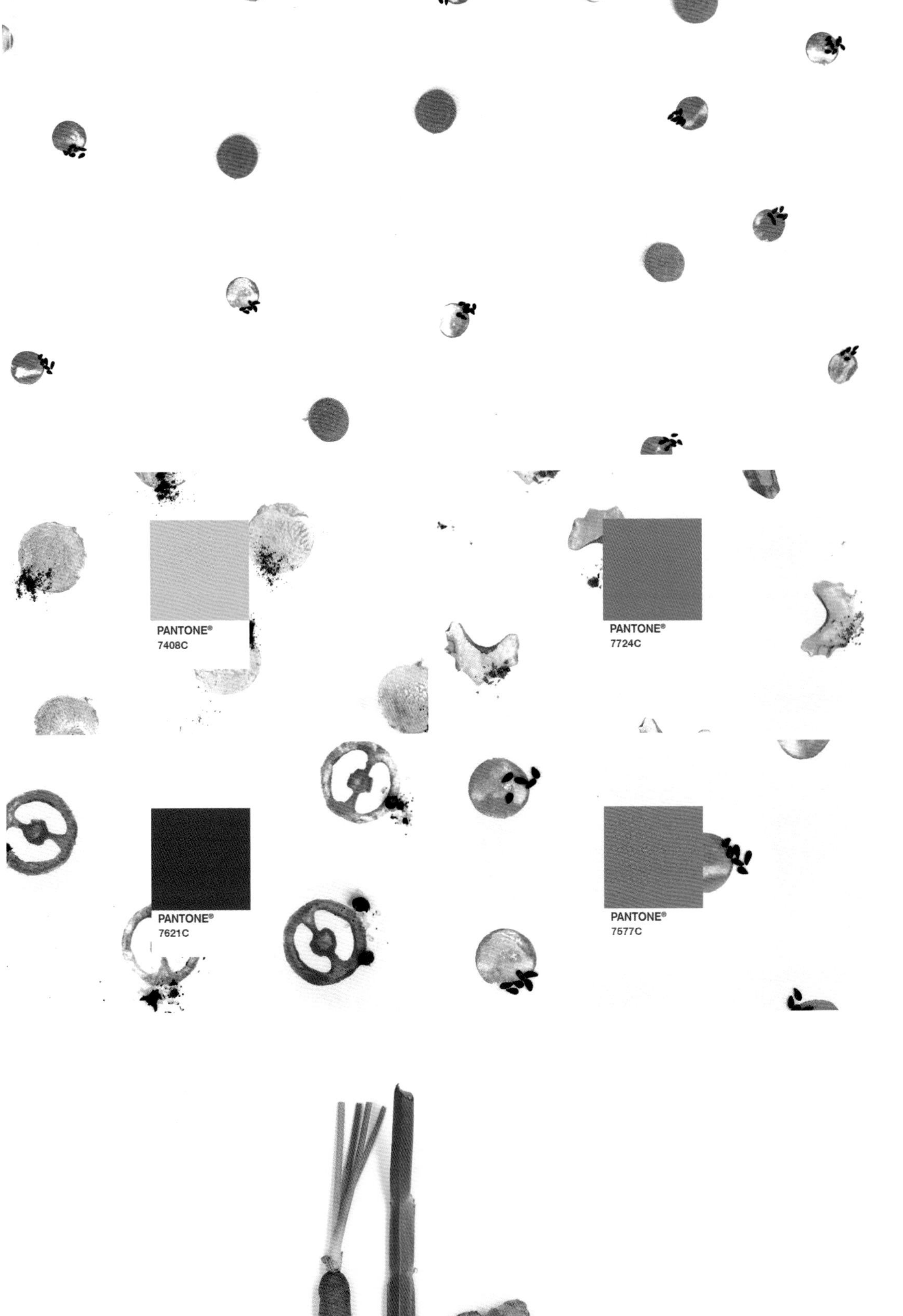
PANTONE®
7408C
PANTONE®
7724C
PANTONE®
7621C
PANTONE®
7577C

pepsi × JLA

pepsi × JLA

pepsi × JLA

pepsi × JLA

pepsi × JLA

pepsi × JLA

pepsi × JLA

pepsi × JLA

pepsi × JLA

百事可乐之正义联盟超现实包装
(Pepsi X JLA Augmented Reality Packaging Campaign)

设计师：珍妮 · 乔 (Jenny Joe)
国家：美国
创意总监：杰拉多 · 埃雷拉 (Gerardo Herrera)
摄影：杰森 · 威尔 (Jason Ware)

百事可乐 (Pepsi) 和 DC 漫画公司 (DC Comics) 合作了一系列可乐罐，罐子上画的都是美国正义联盟中的角色。通过扫码罐上的像素图形，可以解锁一个隐藏的超级英雄角色，借助虚拟现实技术在圣地亚哥动漫展上与他人作战。百事可乐之正义联盟通过这种方式为消费者提供了引人入胜的体验。

pepsi X JLA
AR GAME
pepsi X JLA
PLAY
GAME

百事可乐之正义联盟超现实包装

设计师：珍妮 · 乔
国家：美国
创意总监：杰拉多 · 埃雷拉
摄影：杰森 · 威尔

EXTING
STOUT RUSH

HAS A BOLD, INTENSE FLAVOR THAT HYDRATES BETTER THAN WATER, WHICH IS WHY IT'S TRUSTED BY SOME OF THE WORLD'S BEST ATHLETES.

57
CALORIES

57 CALORIES | 20 FL OZ (1.25PT) | THIRST QUENCHER

THIRST QUENCHER CONTAINS CRITICAL ELECTROLYTES TO HELP REPLACE WHAT'S LOST IN SWEAT.

艾克斯汀饮料 (Exting)

设计机构：雷诺兹和雷纳 (Reynolds and Reyner)
设计师：阿尔乔姆 · 库利克 (Artyom Kulik)
国家：乌克兰
创意总监：阿尔乔姆 · 库利克
艺术总监：亚历山大 · 安德烈耶夫 (Alexander Andreyev)
文案：玛丽娜 · 安德烈耶娃 (Marina Andreyeva)
客户：艾克斯汀饮料 (Exting drinks)

这是一款革命性的止渴功能性饮料，被包装成了艺术性的灭火器。能量流失会对人体造成损害，就像是突然起火，火势会迅速蔓延到周围，造成不可挽回的损失。在实现目标的紧要关头，你会因为能量不足而与目标失之交臂。饮用艾克斯汀饮料是你恢复能量、补充水分最简单的方式。

产品的名字也设计得和包装一样独特，艾克斯汀 (Exting) 结合了灭火器 (extinguisher) 和兴奋 (exciting) 这两个概念，没有比这更好的名字了。红色灭火器形状的瓶子警示你最好不要疲乏到触发报警系统、需要派上消防队再补充能量。这种低热量的饮料可以让你恢复活力，防止身体过劳。

大写字母书写的公司标识能产生激励效应。其中有一个字母代表灭火器铃。上面可拆卸的部分不会影响易拉罐的使用，喝时就像根据消防安全守则使用灭火器一样。艾克斯汀是运动员们的推荐饮品。聚会的时候也可以喝吗？当然！

040

艾克斯汀饮料

设计机构：雷诺兹和雷纳
设计师：阿尔乔姆·库利克
国家：乌克兰
创意总监：阿尔乔姆·库利克
艺术总监：亚历山大·安德烈耶夫
文案：玛丽娜·安德烈耶娃
客户：艾克斯汀饮料

EXTING

EXTING
STOUT RUSH
THIRST QUENCHER
20 FL OZ (1.25PT)
57
CALORIES
EXTING
EXTING
57
CALORIES
STOUT RUSH
HAS A BOLD, INTENSE FLAVOR THAT
HYDRATES BETTER THAN WATER

玛卡 (Maka)

设计机构：安娜格拉玛工作室 (Anagrama Studio)
国家：墨西哥
摄影：卡罗加 · 福托 (Caroga Foto)
客户：玛卡

我们设计了一个风格简洁独特的方案，致力于让玛卡在全墨西哥都具有品牌辨识度。设计灵感源于卡洛斯 · 梅里达 (Carlos Merida) 的艺术品。我们以墨西哥色彩最绚丽的鸟 (tzinitzcan) 为蓝本，抽象出了图标。瓶子的设计具有对称美和透明感，它本身就像一幅白色的画布，可以画上各式各样的艺术作品，却无损其自身的视觉美感。

M A K A

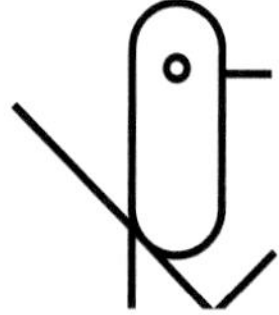

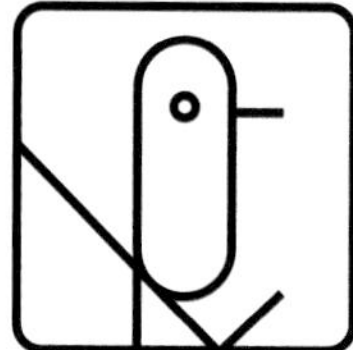

ECO-ONE®
7001D
MAKA X MÉXICO
PLÁSTICO 100% BIODEGRADABLE
500 mL
M A K A

ECO-ONE®
7001D
MAKA X MÉXICO
PLÁSTICO 100% BIODEGRADABLE
500 mL
M A K A

ECO-ONE®
7001D
MAKA X MÉXICO
PLÁSTICO 100% BIODEGRADABLE
500 mL
M A K A

MAKA X MÉXICO
100% BIODEGRADABLE
500 mL
M A K A

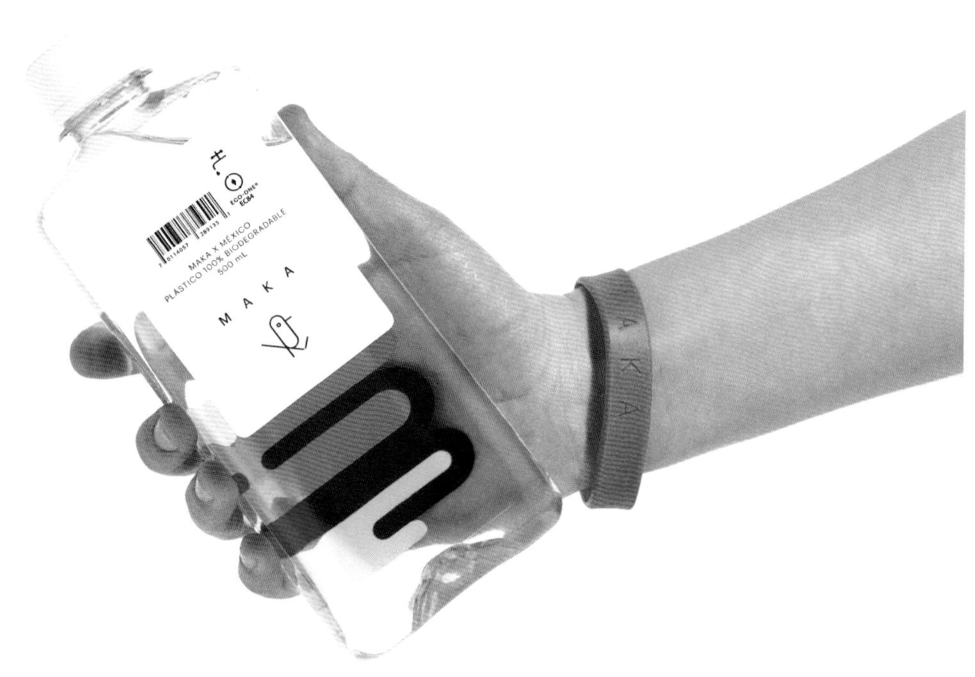
MAKA X MÉXICO
PLÁSTICO 100% BIODEGRADABLE
500 mL
M A K A

玛卡

设计机构：安娜格拉玛工作室
国家：墨西哥
摄影：卡罗加 · 福托
客户：玛卡

BODEGA LOS CEDROS

ARTEAGA—COAH

VINO MALBEC

VINO FUSIÓN

CHARDONNAY

VINO ROSADO

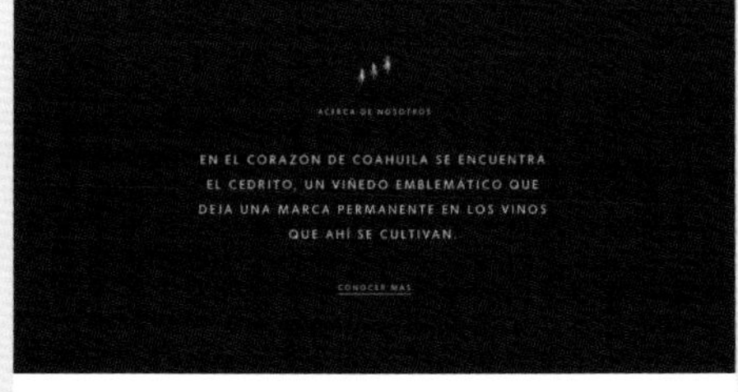

FACEBOOK / INSTAGRAM / TWITTER

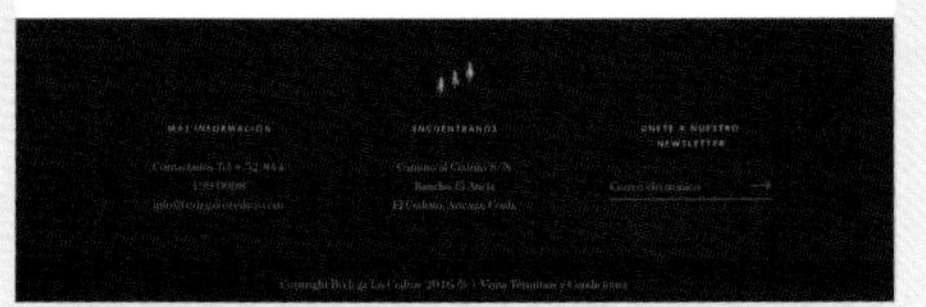

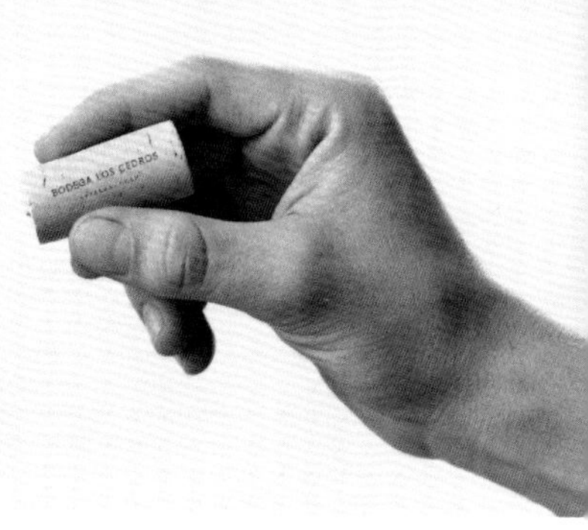

博德加 · 洛斯 · 塞德罗斯 (Bodega Los Cedros)

设计机构：安娜格拉玛工作室
国家：墨西哥
摄影：卡罗加 · 福托
客户：博德加 · 洛斯 · 塞德罗斯

根据葡萄园所在山区的地理位置，我们的品牌设计方案突出了该地区的特色，如气候、海拔、动植物群。商标设计采用 3 棵松树的形象作为品牌的独特图标。

葡萄酒标签和底线模仿了云朵的形状。无衬线版式增加了现代感，使字体形态设计更为自然，更显得品牌既简约又优雅。

非彩色的设计可以突显不同葡萄酒的色调，也可以使瓶子和标签之间的对比更为鲜明。包装也会让人回想起“埃尔塞德里托”(El Cedrito) 酒庄周围的风景。

博德加 · 洛斯 · 塞德罗斯

设计机构：安娜格拉玛工作室
国家：墨西哥
摄影：卡罗加 · 福托
客户：博德加 · 洛斯 · 塞德罗斯

BODEGA LOS CEDROS
ARTEAGA—COAH
MARIO
GUTIÉRREZ OLMOZ
MARIO@BODEGALOSCEDROS.COM
T. 8541980197 / 8542802203
AVE. INDUSTRIA DE LA TRANSFORMACIÓN NO. 1113
ZONA INDUSTRIAL NORESTE
RAMOS ARIZPE, COAH. MÉXICO CP 25900
BODEGALOSCEDROS.COM
BODEGA LOS CEDROS
ARTEAGA—COAH
BLVD. PARQUE INDUSTRIAL NO. 2141
ZONA INDUSTRIAL NORESTE
RAMOS ARIZPE, COAH. MÉXICO CP 22600
BODEGALOSCEDROS.COM
BODEGA LOS CEDROS
ARTEAGA—COAH

BODEGA LOS CEDROS
ARTEAGA—COAH
Pinot Noir
2016
VINOS DE ALTURA

Emboscada
RATAFIA
2016

恩博斯卡达 (Emboscada)

设计师：米克尔 · 阿梅拉 (Miquel Amela)、费兰 · 罗德里格斯 (Ferran Rodríguez)
设计机构：恩塞里奥 (Enserio)
国家：西班牙
客户：恩博斯卡达

恩博斯卡达是一种由天然核桃制成的加泰罗尼亚果仁酒。这种手工酿制的酒只生产了 100 瓶。

品牌名称和图标形象的设计灵感来源于森林，森林也是果汁酒和标签的原材料供应者。包装是通过在丝绸纸上冲压圣栎树树干手工制作而成的，就像树皮一样起到保护酒瓶和果仁酒的作用。

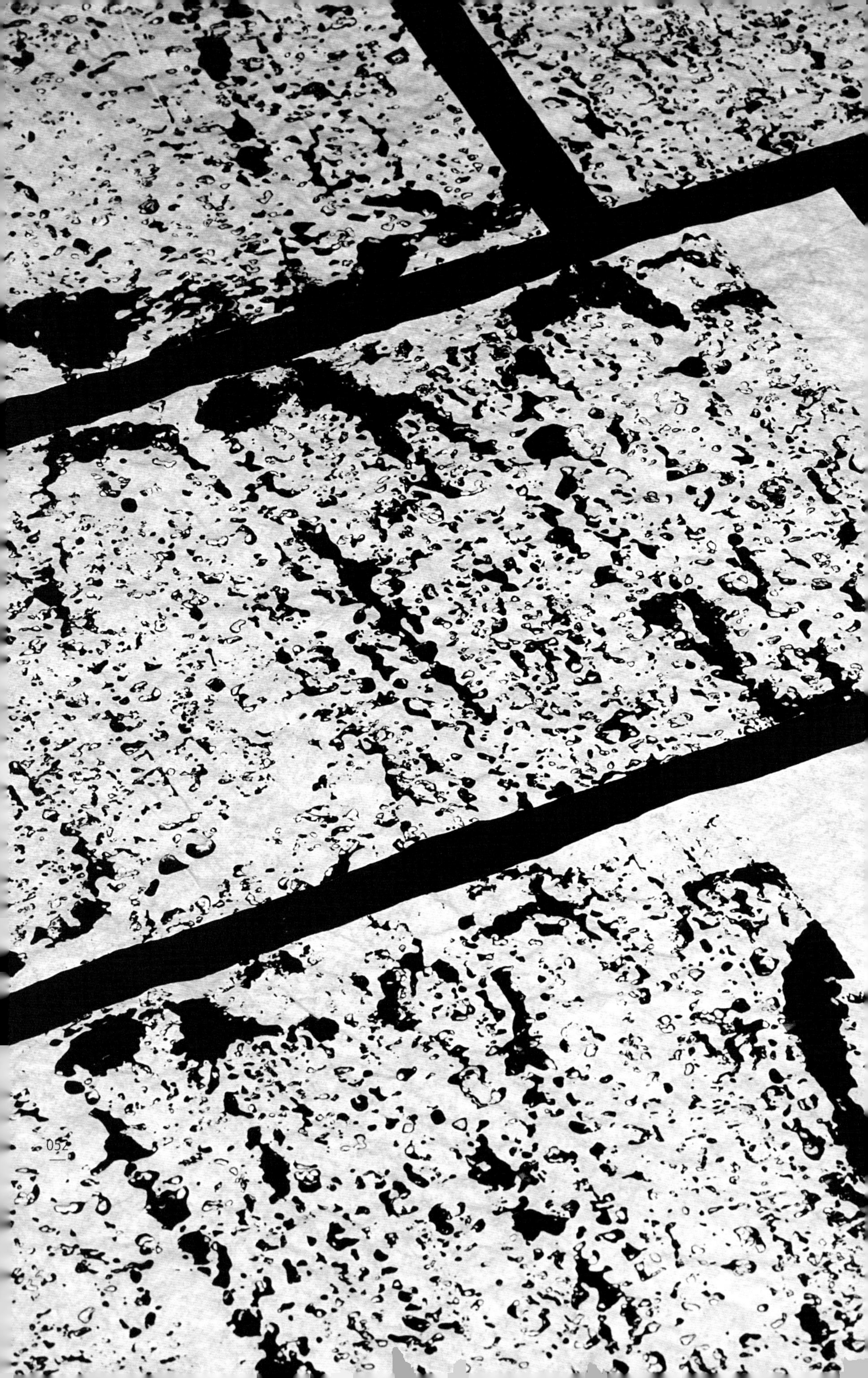

Emboscada
RATAFIA
2016
28 % vol · 25 cl

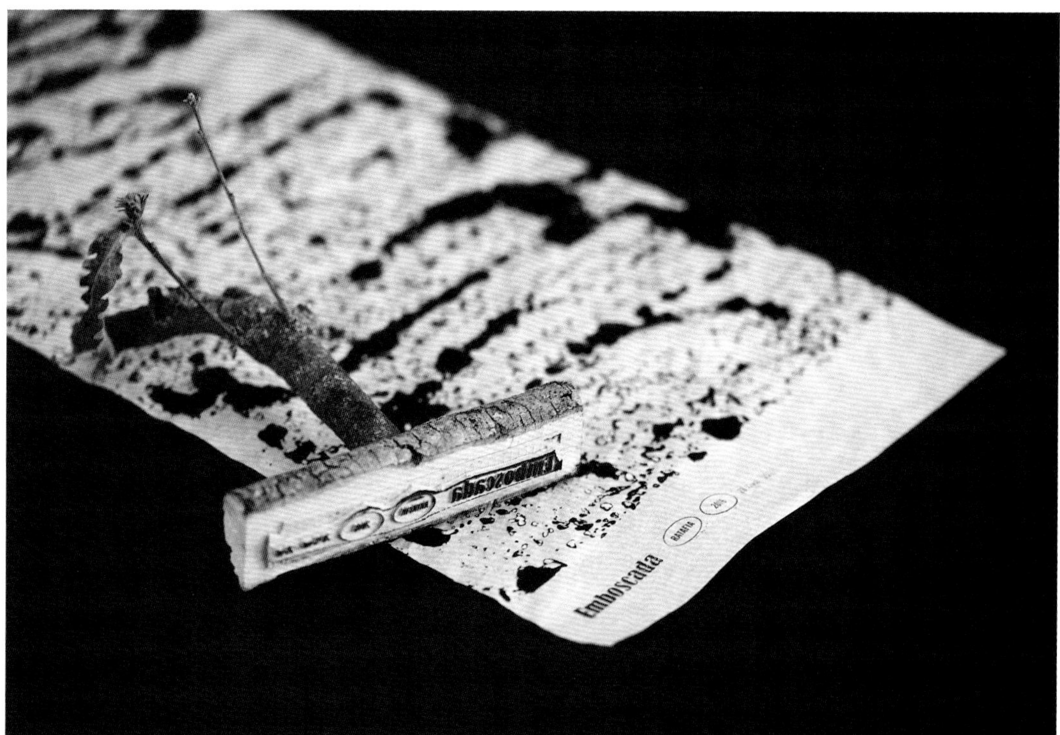
Emboscada
RATAFIA
2016

恩博斯卡达

设计师：米克尔 · 阿梅拉、费兰 · 罗德里格斯
设计机构：恩塞里奥
国家：西班牙

卡伦托纳 (CUARENTONA)

设计师：米克尔 · 阿梅拉、费兰 · 罗德里格斯
设计机构：恩塞里奥
国家：西班牙
客户：卡伦托纳

卡伦托纳是一种酒精饮料，它是将绿胡桃、香草和香料配上甜茴香，在阳光晴好的日子里浸泡 40 天后自然冷却而成的。

这个名字取得大胆而又诙谐，它赐予了酒以独特的魅力和身份辨识度，展示了一种不同于传统的品牌形象。这种酒的目标受众是 30 岁以上的成年人，这个群体既注重酒的内在品质，也注重酒的外在设计感。

我们取了一个可以引起饭后长谈的名字，也暗示了创造这个图像的动机。这个名字有双重含义：一是指酿酒的时间为 40 天，二是指代 40 岁以上的成熟女性。这 100 瓶是限量版的，标签采用单色印刷，瓶盖是激光雕刻的，网兜则取材于长丝袜。

网格长袜代表着 40 多岁的性感迷人的女性，是这个包装设计大胆的一面，同时也使图标形象别具一格。软木塞体现了酒的酿造工艺精良，顶部刻的“+40”则代表了 40 天及 40 岁以上。便签只覆盖了瓶子的一部分，以便于看到酒的色泽。

RENTO
+40

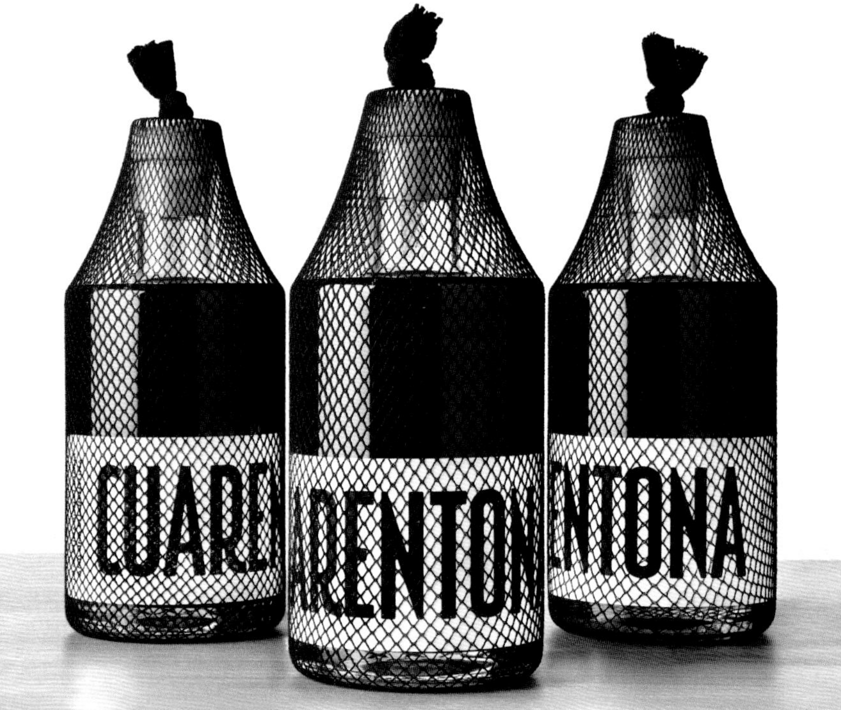

卡伦托纳

设计师：米克尔 · 阿梅拉、费兰 · 罗德里格斯
设计机构：恩塞里奥
国家：西班牙
客户：卡伦托纳

+40

PASSA UNA BONA ESTONA
AMB UNA CUARENTONA
CUARE

泽科葡萄酒 (Zekor Wine)

设计师：安德烈斯 · 格雷罗
国家：西班牙
设计机构：里克雷亚传媒 (Recrea Comunicación)
艺术总监：安德烈斯 · 格雷罗
摄影：洛杉矶工业
客户：多米尼克 · 伦巴德 (Dominic Lombard)

泽科尔是纳瓦拉地区年轻公牛的名字。这些公牛在比利牛斯山脉的高峰上自由穿梭，吃草逡巡，在令人羡慕的平静生活中思考时间的流逝。

在设计过程中，我们希望传达公牛的形象，所以图形设计得更有空间感。白色的背景中，公牛在优雅地漫步。

ZEKOR
ZEKOR
Garnacha Blanca

ZEKOR
ZEKOR

NAVARRA

ZEKOR
ZEKOR
ZEKOR
Garnacha Blanca

ZEKOR
ZEKOR
ZEKOR
Garnacha

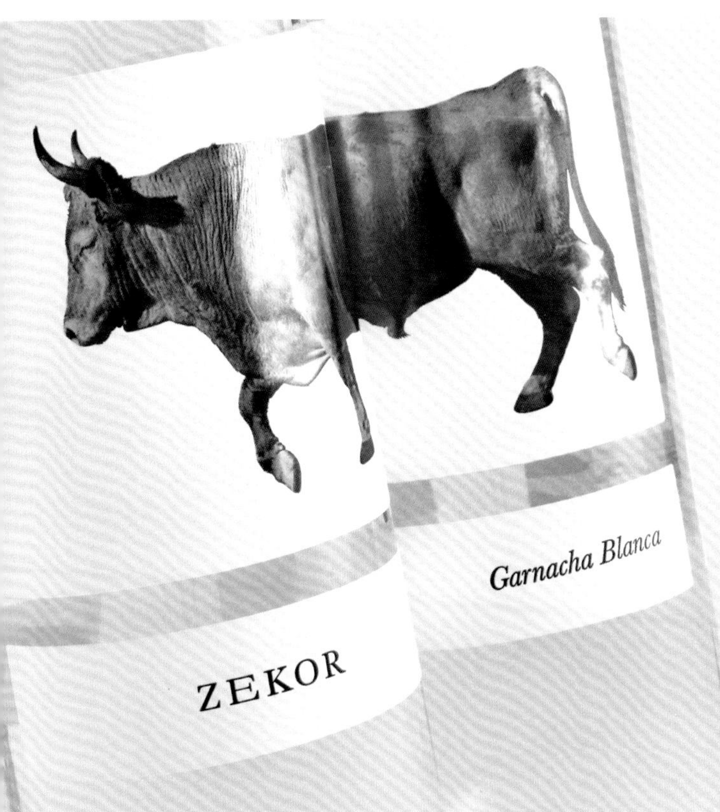

泽科葡萄酒

设计师：安德烈斯 · 格雷罗
国家：西班牙
设计机构：里克雷亚传媒
艺术总监：安德烈斯 · 格雷罗
摄影：洛杉矶工业
客户：多米尼克 · 伦巴德

SINCE 1963 ITALY

GRANDE CUVEE

LAZUR

BEVANDA DI VINO FRIZZANTE

WINERY

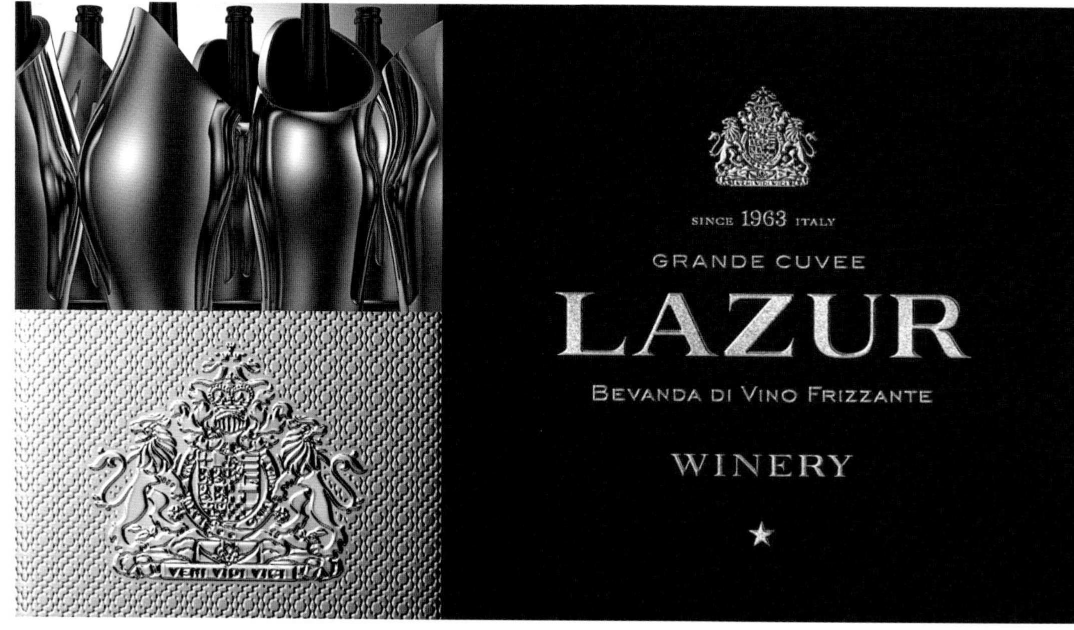

拉祖尔 (Lazur)

设计机构：雷诺兹和雷纳
设计师：阿尔乔姆 · 库利克
国家：乌克兰
创意总监：阿尔乔姆 · 库利克
艺术总监：亚历山大 · 安德烈耶夫
文案：玛丽娜 · 安德烈耶娃
客户：塞巴集团 (Seiba Group)

在朱塞佩 · 威尔第的著名歌剧《征服者阿提拉》中，罗马指挥官弗拉维乌斯 · 埃提乌斯 (Flavius Aetius) 对他的征服者说："你可以拥有全世界，只要给我意大利就行。" 这片向世界贡献了伟大的雕塑家、领袖、诗人和艺术家的沃土，任何人都不会无动无衷。意大利人在基督诞生前 1000 多年就学会了酿酒，当代意大利人为拥有古老的酿酒秘方而高兴，真正的审美主义者则为之兴奋。拉祖尔起泡酒是由从"贝佩斯"(Bel Paese) 中精选的葡萄酒原料制成的。该品牌的名字来源于意大利，与蔚蓝海岸 (俄语中的"蓝色"是"Lazurnyy")、休闲、度假、海洋等有关。

包装设计上同样采用了这种联想，充分考虑了每一个细节，标签设计成航海罗盘的样子，营造了一种冒险和愉快的氛围。研究了意大利纹章之后，我们手工制作了盾形纹章，包括狮子、骑士头盔、丝带、十字架等各种元素，甚至还有一颗五角星，每一个元素都有其历史含义和时代背景。

" Veni, vidi, vici"的字样也不是随意设计的，如今尤利乌斯·凯撒 (Julius Caesar) 的胜利感叹已经成为圣礼。就像在历史中的一样，它象征着迅疾的胜利，拉祖尔酒就是以这种方式征服当今挑剔美食家的味蕾的。

以古罗马建筑装饰图案堆叠的方式为特点，丰富了设计的仿古格调，使产品看起来更为真实。除了酒瓶和礼品包装外，还设计了一套独特的酒杯，包括冷却器和 6 个形状不规则的香槟酒杯。它们象征着船只向着未知的方向扬帆起航。这个设计营造出了一种静谧迷人的海外度假氛围，即使此刻的你置身荒野石林，户外是寒冷的冬季。设计中极精妙地运用了天然材料所固有的稀有色调和形状。

VENI VIDI VICI
SINCE 1933 DEPUIS
GRANDE CUVEE
LAZUR
BEVANDA DI VINO FRIZZANTE
BIANCO

BEVANDA DI VINO
LAZUR
VENI VIDI VICI
1933

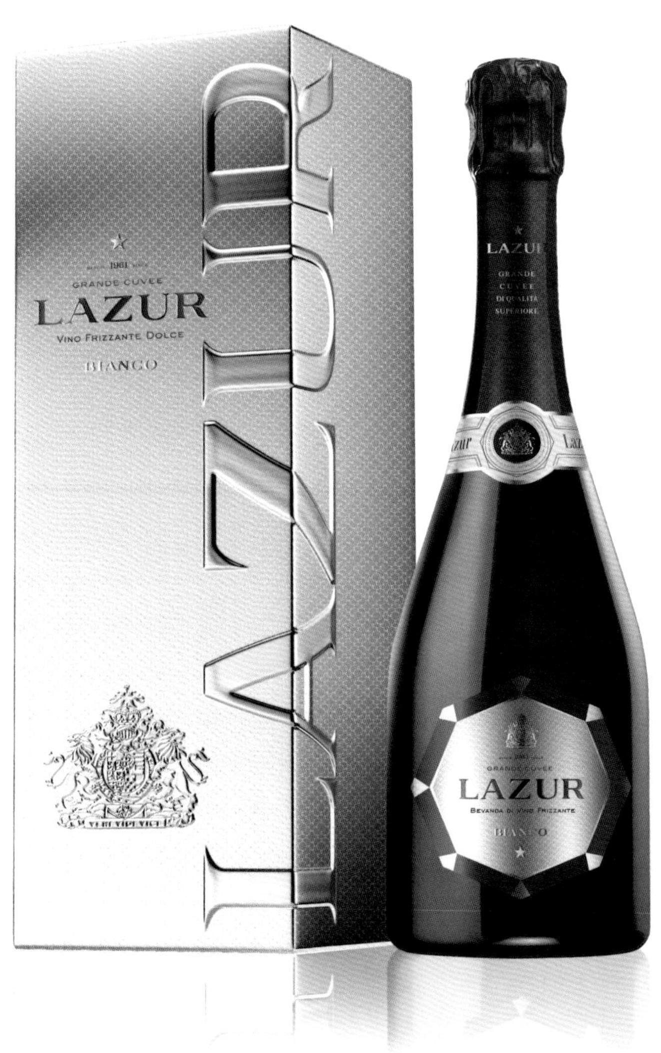

拉祖尔

设计机构：雷诺兹和雷纳
设计师：阿尔乔姆・库利克
国家：乌克兰
创意总监：阿尔乔姆・库利克
艺术总监：亚历山大・安德烈耶夫
文案：玛丽娜・安德烈耶娃
客户：塞巴集团

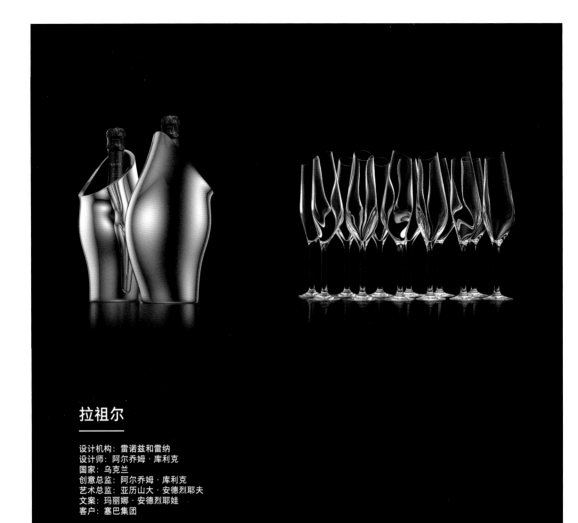

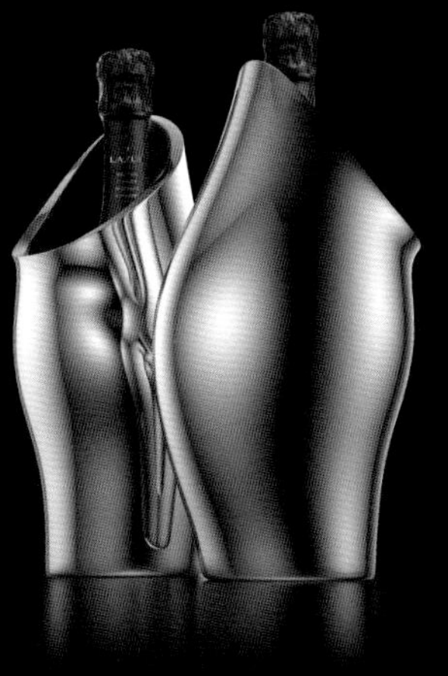

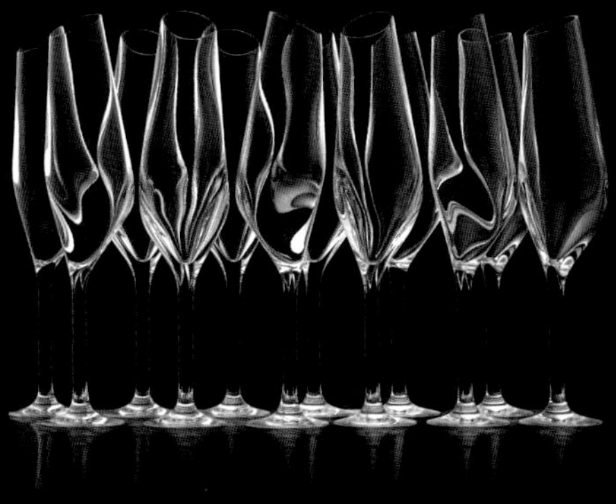

拉祖尔

设计机构：雷诺兹和雷纳
设计师：阿尔乔姆·库利克
国家：乌克兰
创意总监：阿尔乔姆·库利克
艺术总监：亚历山大·安德烈耶夫
文案：玛丽娜·安德烈耶娃
客户：塞巴集团

LAZUR
VENI VI
DI VICI

GRANDE CUVEE
LAZUR
BEVANDA DI VINO FRIZZANTE
WINERY
1962

LAZUR

阿古·奎·阿塔兰塔 (Agua Que Ataranta)

设计机构：富图拉 (Futura)
国家：墨西哥

灵感来自墨西哥头巾。每一个将酒视为同伴的人，身上都带有佩德罗 · 因凡特 (Pedro Infante) 的影子。

阿古 · 奎 · 阿塔兰塔麦斯卡尔酒将阴暗的时光变成了灿烂的日子。这种饮料专为墨西哥人设计，他们设法在语言里加入玩笑和幽默，使它变得灵活丰富，使来自其他文化背景的人无法理解。麦斯卡尔酒能使亲密的人们和谐共处，使对立的人们握手言和。

48% Alc. Vol
Cont. Net. 750 ml
BREBAJE MÁGICO PONEDOR
LEGENDARIO MEZCAL DE AGAVE
ARTESANAL DE ORIGEN, OAXACA, MÉXICO.
MEZCAL JOVEN

ATARANTA
48% Alc. Vol
Cont. Net. 750 ml

48% Alc.Vol
Cont. Net. 750 ml
BREBAJE MÁGICO PONEDOR
EL
AGUA
ATARANTA
QUE

阿古·奎·阿塔兰塔

设计机构：富图拉
国家：墨西哥

巴罗·德·科布雷 (Barro de Cobre)

设计机构：富图拉
国家：墨西哥
摄影：罗德里戈·查帕
(Rodrigo Chapa)

富图拉为周年庆与巴罗·德·科布雷合作推出了特别版的麦斯卡尔酒。“反叛将近”(Revolt is Near)是一种经过陶罐和铜罐两次蒸馏的麦斯卡尔酒，代表了我们在过去9年里走过的创新之路。

我们尝试了新的方法，并容许和鼓励混乱。通过测试每个项目的极限，我们发现了一种新的美学。对于明天会发生什么我们没有把握，世界本就不存在百分之百的确定性。

THE
REVOLT
IS
NEAR

THE
REVOLT
IS
NEAR

巴罗·德·科布雷

设计机构：富图拉
国家：墨西哥
摄影：罗德里戈 · 查帕

MEZCAL DE OAXACA
BARRO DE COBRE
AGAVE ESPADÍN
JOVEN 100% AGAVE
ORIGEN:
RÍO EJUTLA, OAXACA.
PROCESO DE DESTILACIÓN:
OLLAS DE BARRO Y DE COBRE
TRIBUTO A UN ARTE
INMEMORIAL Y A UNA
SABIDURÍA ARTESANAL
TIEMPO DE PROCESO:
504 HORAS.
MAVENS:
ADRIÁN Y LUCIO BAUTISTA
475ML.
CONTENIDO NETO
43%ALC.VOL.
BYFUTURA.COM

巴罗·德·科布雷

设计机构：富图拉
国家：墨西哥
摄影：罗德里戈 · 查帕

多梅斯蒂科 (Doméstico)

设计机构：富图拉
国家：墨西哥
摄影：马可马舒伊 (MarcomásChuy)

这是墨西哥城的一家现代墨西哥酒吧。这里看不到旧式的墨西哥帽、典型的墨西哥胡须，也没有墨西哥流浪艺人。这里有享用不尽的墨西哥最好的酒：龙舌兰酒、麦斯卡尔酒、萝茜拉酒、苏打酒、香槟酒。

DOMĒSTICO
DOMĒSTICO
NUEVO -LEÓN
MANUEL GONZÁLEZ
80
CEO
CONDE SA-DF
M.
T. 5211 58 33
M. 044 55 4181 3830
E. Manuel@domestico.mx
Domestico.mx

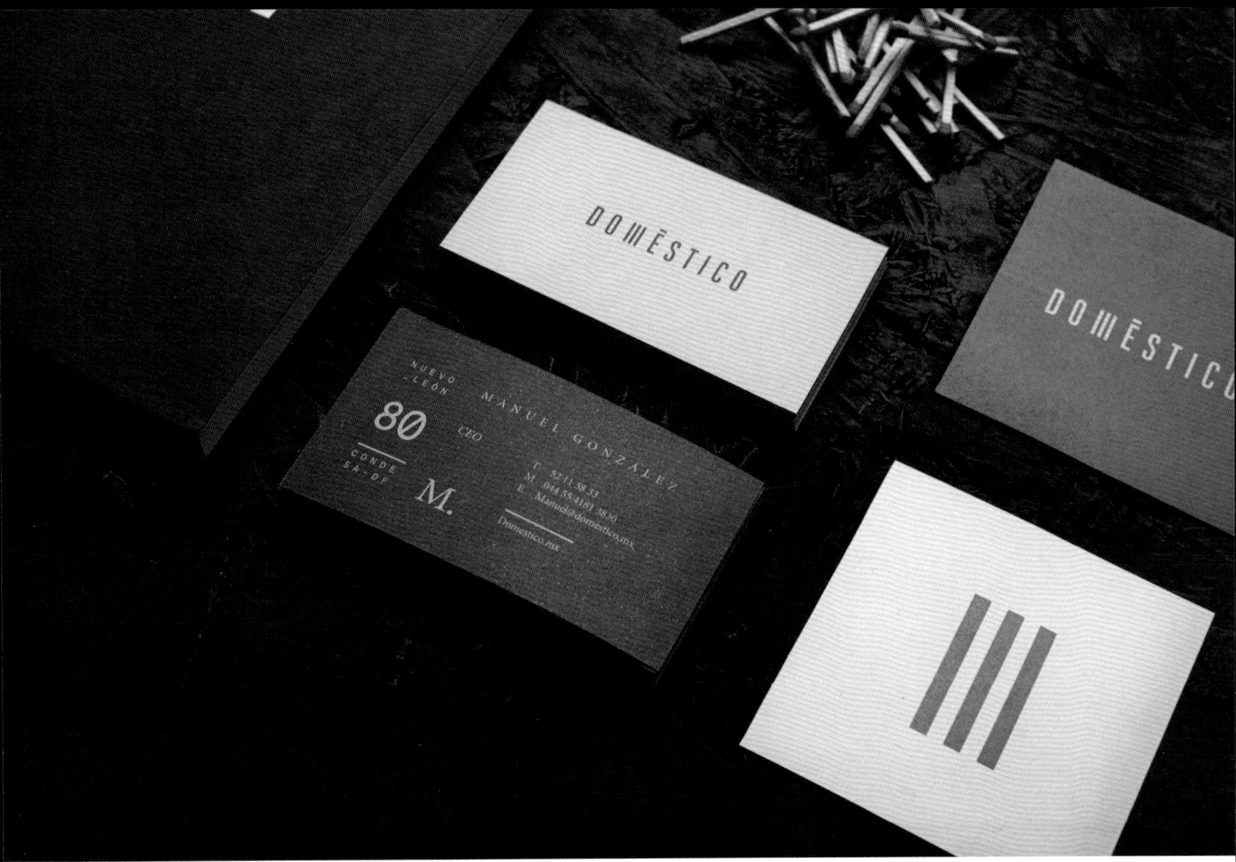

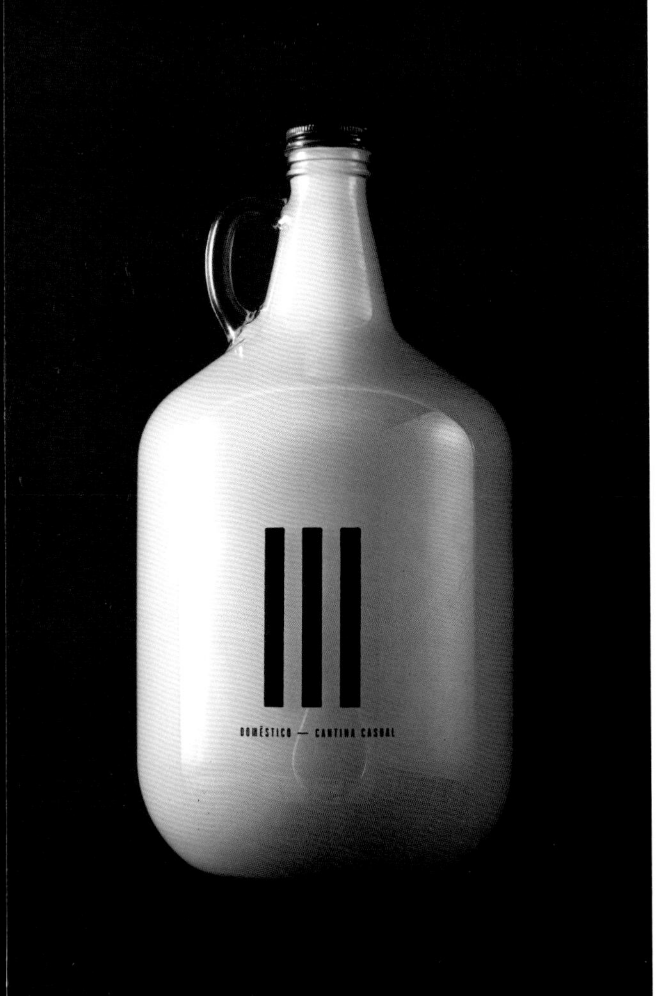

DOMĒSTICO — CANTINA CASUAL

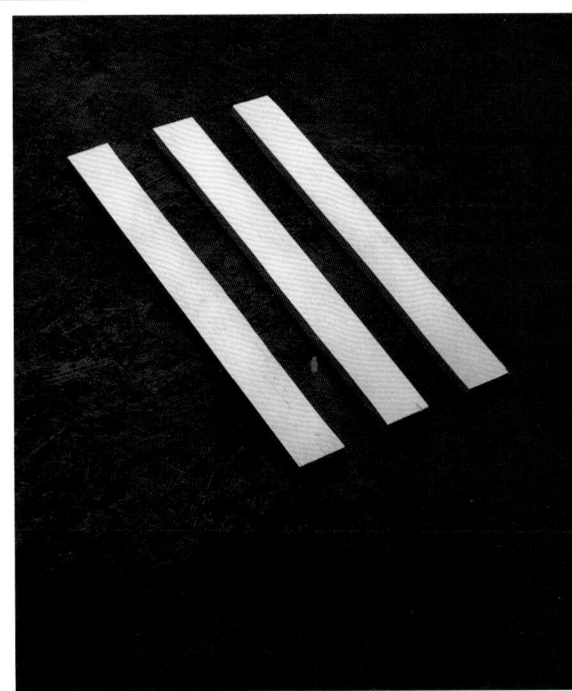

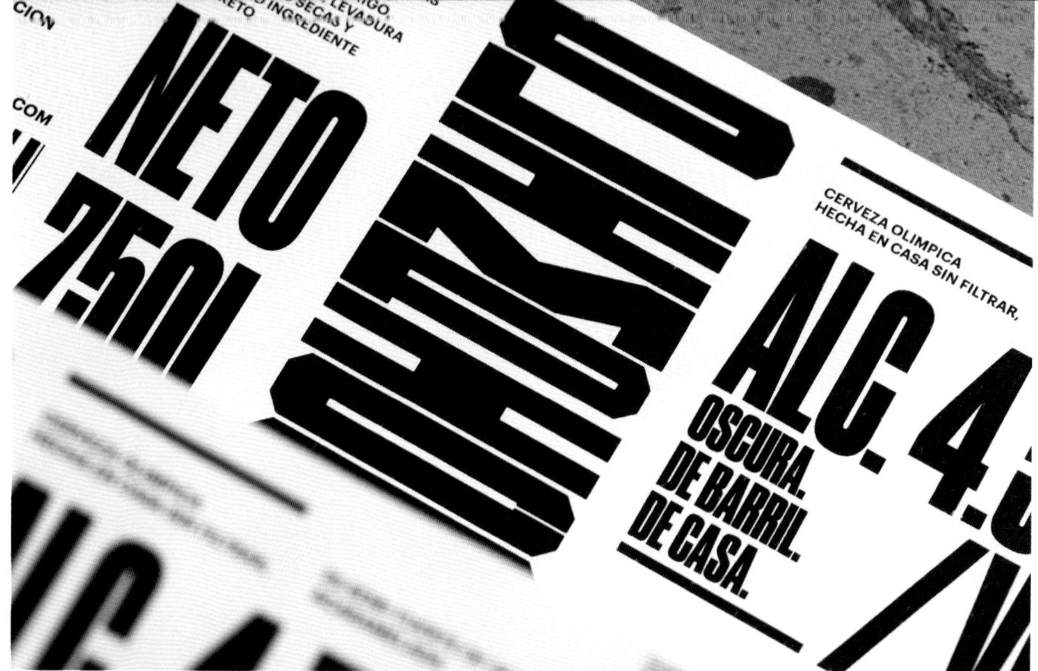

NETO
750l
CERVEZA OLIMPICA
HECHA EN CASA SIN FILTRAR,
ALC. 4.
OSCURA.
DE BARRIL.
DE CASA.

ALC. 4.5%
/VOL
OSCURA.
DE BARRIL.
DE CASA.

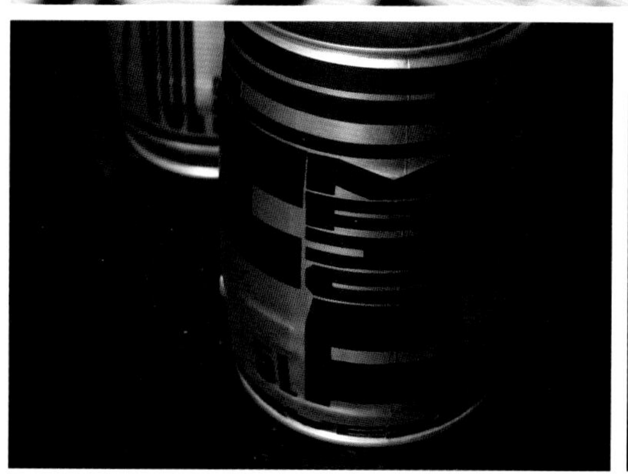

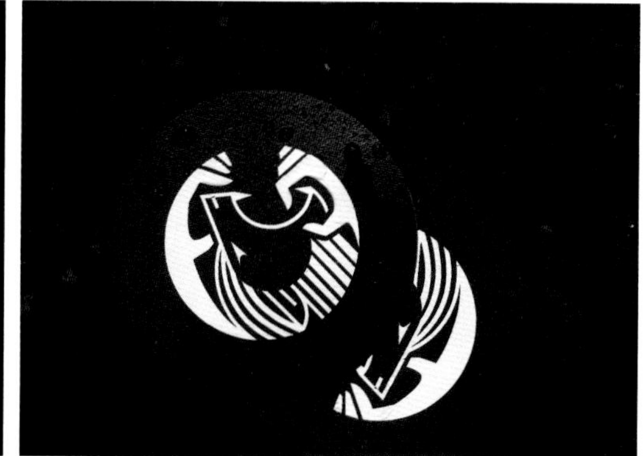

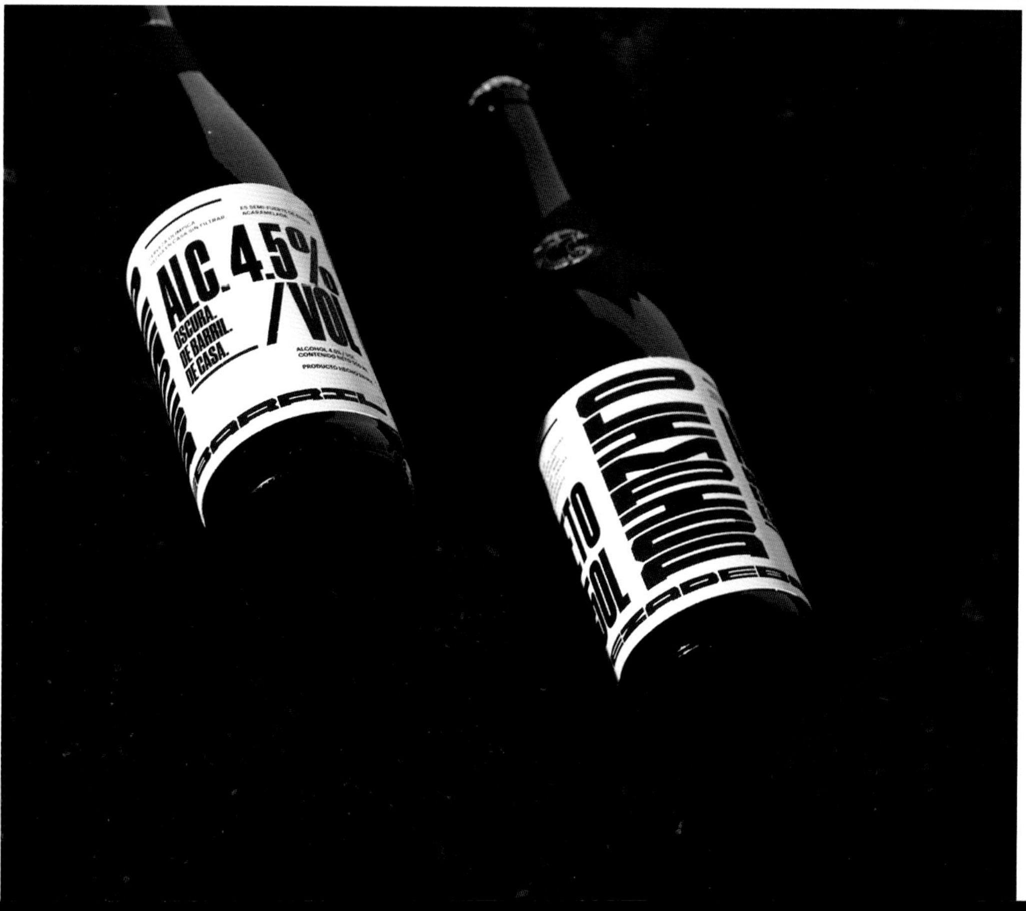

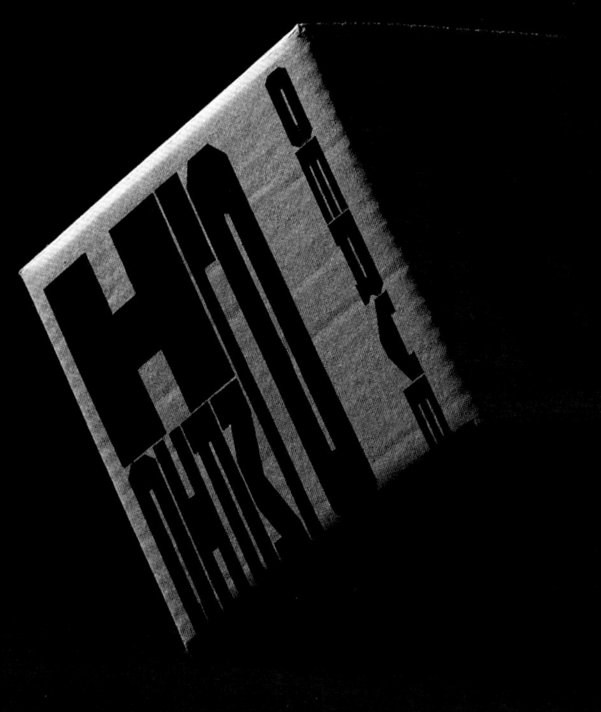

奥林匹克 (Olimpica)

设计机构：富图拉
国家：墨西哥
摄影：罗德里戈 · 查帕

奥林匹克 (Olimpica) 是一个全新的品牌，旨在征服墨西哥手工啤酒爱好者，向世界传达象征着品质和力量的品牌形象。为了达到这个目的，我们着重将产品设计为丰碑性的象征，集中展示产品的纪念性和成就。我们在品牌设计和传播的每一个环节中，都使用了整体元素来传达权力和英雄主义。奥林匹克 (Olimpica) 是为征服者特制的酒，是对那些不畏挑战之人的奖赏。

维尔塔巴乔 (Vueltabajo)

设计机构：富图拉
国家：墨西哥
摄影：罗德里戈 · 查帕

朱利奥 · 科塔扎尔（Julio Cortázar）有句名言：“我所能感知的越来越少，滑入记忆的却越来越多……”如果我们能够收集并珍藏美好的时光，一次又一次重温它们该多好啊！

有什么比好友之间的促膝长谈更值得纪念的呢？伴着一杯或几杯白酒，我们希望这样的时刻可以更久一些。

为那些呼朋唤友的欢聚时刻，我们设计了可分离的标签，以便在上面写下共饮者的名字。我们想要创造一些与惯例不同的东西，打破优质葡萄酒外观设计的传统标准。我们使用了极简主义的设计风格，用彩色的笔触来中和黑白摄影图片。

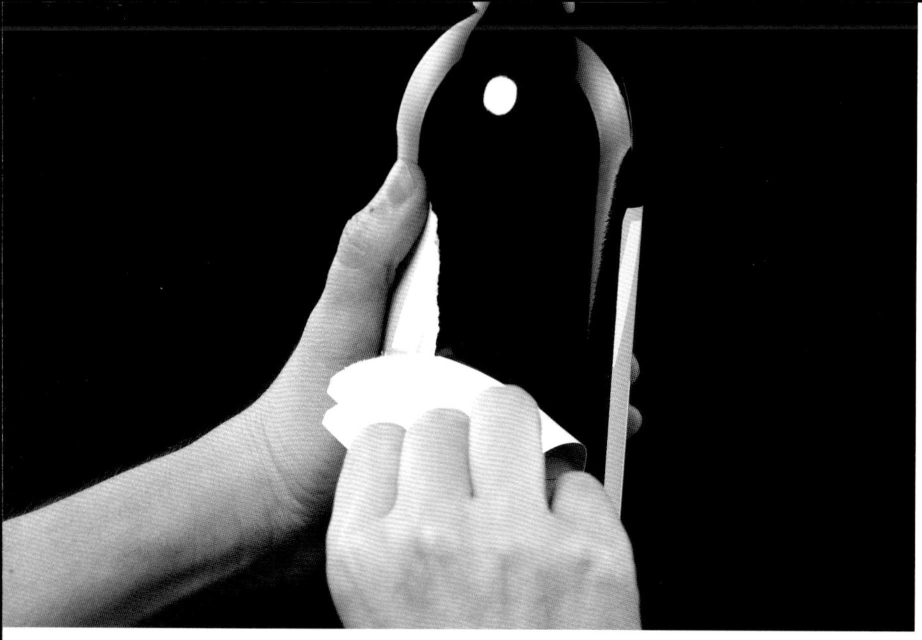

维尔塔巴乔

设计机构：富图拉
国家：墨西哥
摄影：罗德里戈 · 查帕

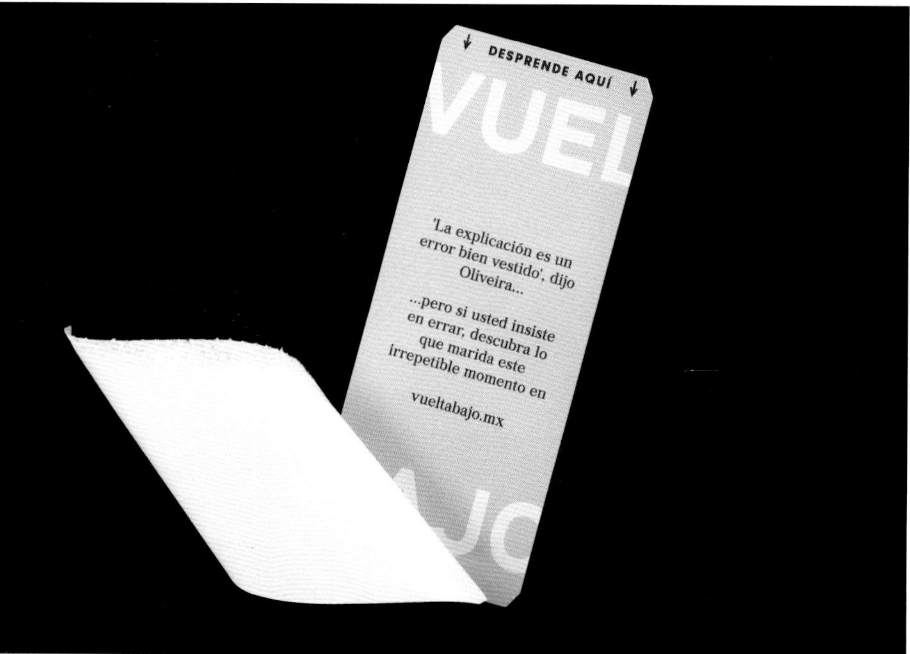

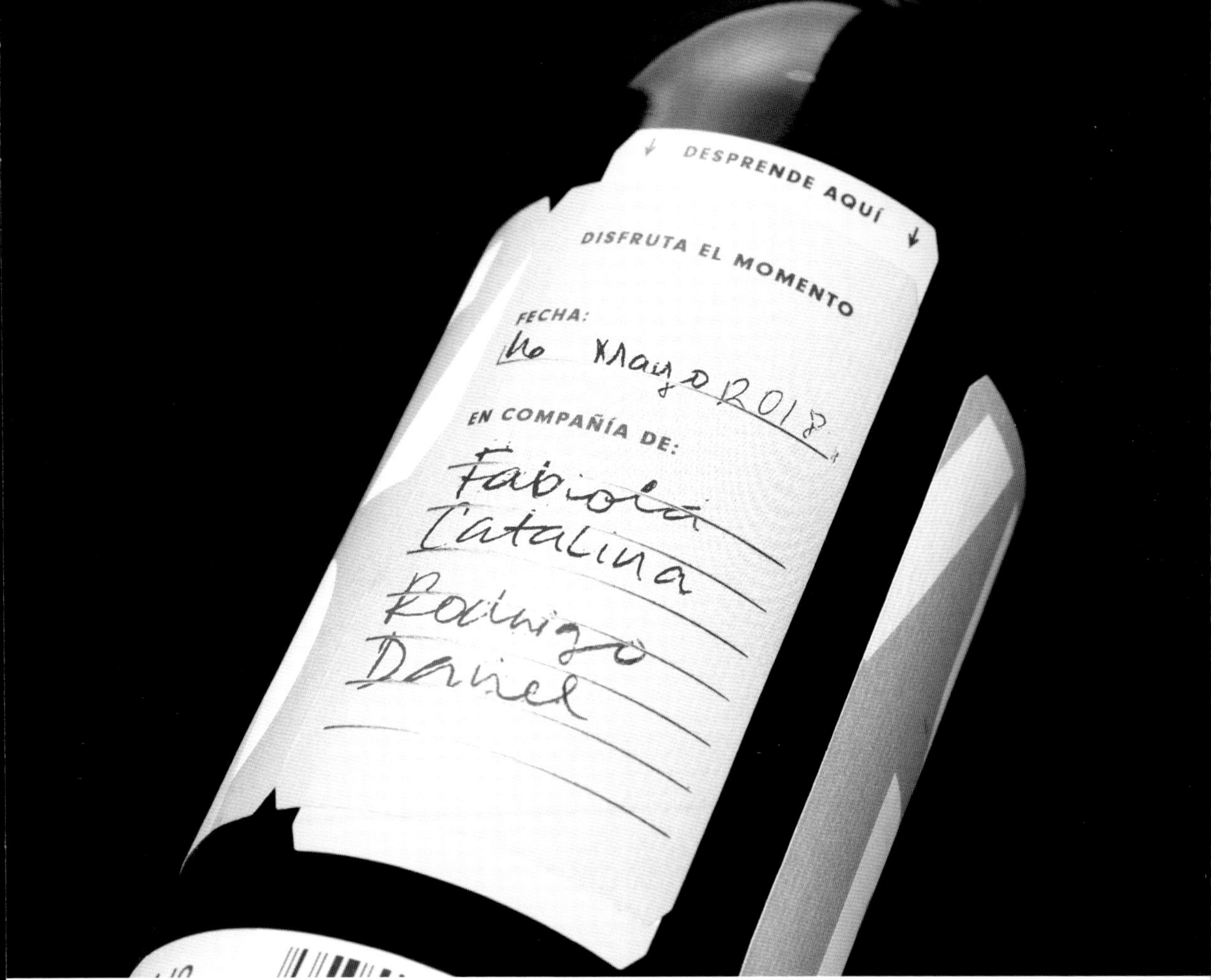
DESPRENDE AQUÍ
DISFRUTA EL MOMENTO
FECHA:
EN COMPAÑÍA DE:
Fabiola
Catalina
Rodrigo
Daniel

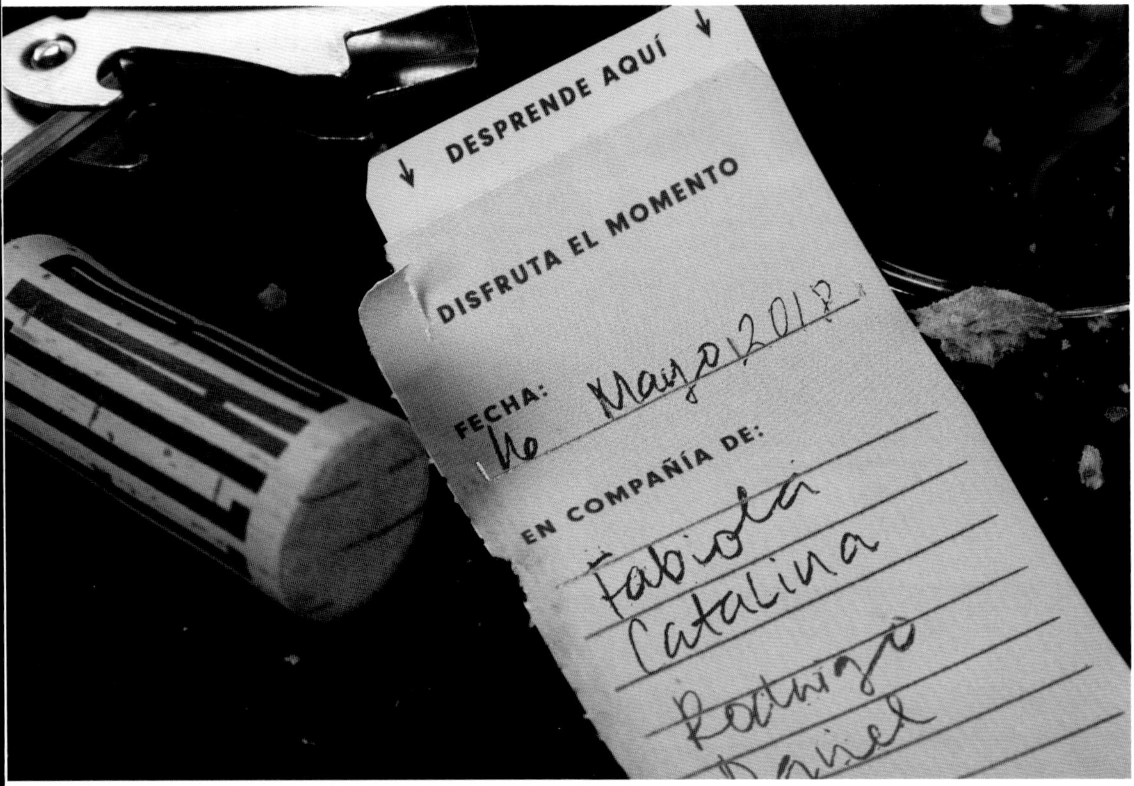
DESPRENDE AQUÍ
DISFRUTA EL MOMENTO
FECHA:
EN COMPAÑÍA DE:
Fabiola
Catalina
Rodrigo

伊利普拉 (ILIPULA) 特级初榨橄榄油

设计师：豪尔赫 · 奥古斯托 · 佩雷斯 (Jorge Augusto Pérez)
设计机构：拉 · 博特工作室 (La Boîte Studio)
国家：西班牙
创意总监：哈维尔 · 罗德里格斯 · 卡尔沃 (Javier Rodríguez Calvo)
艺术总监：安东尼奥 · 科内乔 (Antonio Cornejo)
摄影：阿尔贝托 · 奇 · 普拉斯 (Alberto G. Puras)
客户：伊利普拉

伊利普拉全部产自塞维利亚南部高地小镇佩德雷拉 (Pedrera) 的一个家庭农场。这种橄榄油是在 2014 年 11 月 20 日第一次秋收的时候，从布兰卡 (Hojiblanca) 的多种橄榄中采集并研磨而成的，此时为橄榄由青转熟的着色期，这就使得初榨时的橄榄油色调均匀。这对我们来说是一个重要的概念。

我们主打自然这个概念。事实上橄榄油本身就对自然环境极为敏感，提取时既要考虑其提取来源的橄榄树，也要考虑橄榄树所生长的自然环境。于是我们将布兰卡橄榄树叶子和蜻蜓的形象相融合，设计了图标。为了使它看起来更为自然，我们选择了笔触柔和的芭比多 (Barbedor) 字体进行绘制。至于瓶子，我们选择了会让人联想到旧式药瓶的款式。

贝希斯葡萄酒 (Basis Wine)

设计师：卢卡斯 · 迪姆林 (Lukas Diemling)
国家：奥地利
摄影：多米尼克 · 埃申 (Dominic Erschen)
客户：马蒂亚斯 · 瓦农 (Matthias Warnung)

马蒂亚斯 · 瓦农是奥地利的坎普塔尔山谷的个体酿酒商，为那些乐于接受新口味的人酿造天然葡萄酒。所有的葡萄酒都是自然发酵的，未经过滤，装瓶之前添加少量的硫。

为了呈现葡萄酒的纯粹性，我们设计了一种独特的插图风格，灵感来源于葡萄园的内部结构，在绘制的过程中参考了葡萄酒本身。

费尔德斯图克葡萄酒
(Feldstück Wine)

设计师：卢卡斯 · 迪姆林
国家：奥地利
摄影：多米尼克 · 埃申
客户：马蒂亚斯 · 瓦农

马蒂亚斯·瓦农出品的费尔德斯图克葡萄酒。

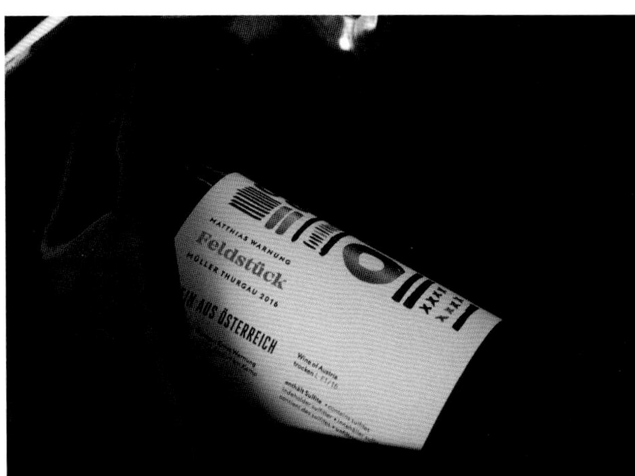
MATTHIAS WARNUNG
Feldstück
MÜLLER THURGAU 2016
WEIN AUS ÖSTERREICH

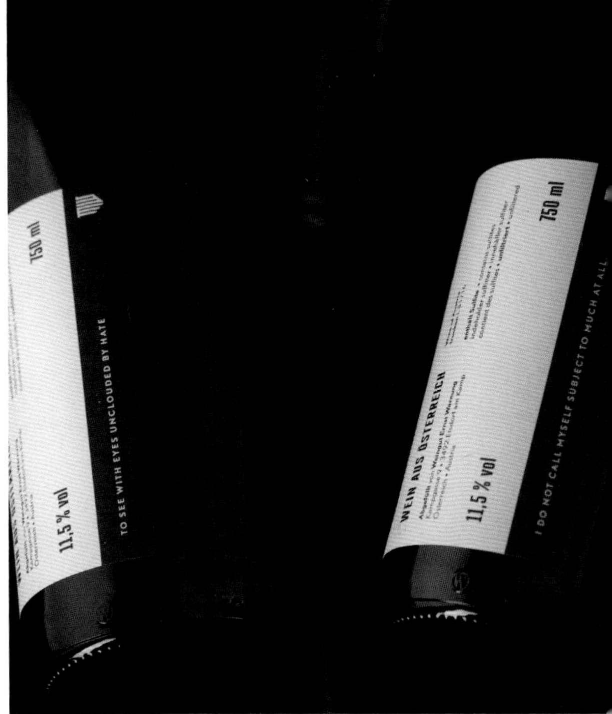
750 ml
11,5 % vol
TO SEE WITH EYES UNCLOUDED BY HATE
WEIN AUS ÖSTERREICH
750 ml
11,5 % vol
I DO NOT CALL MYSELF SUBJECT TO MUCH AT ALL

Mata Hari
10,5-13,0% VOL. 75CL e DEMI-DOUX

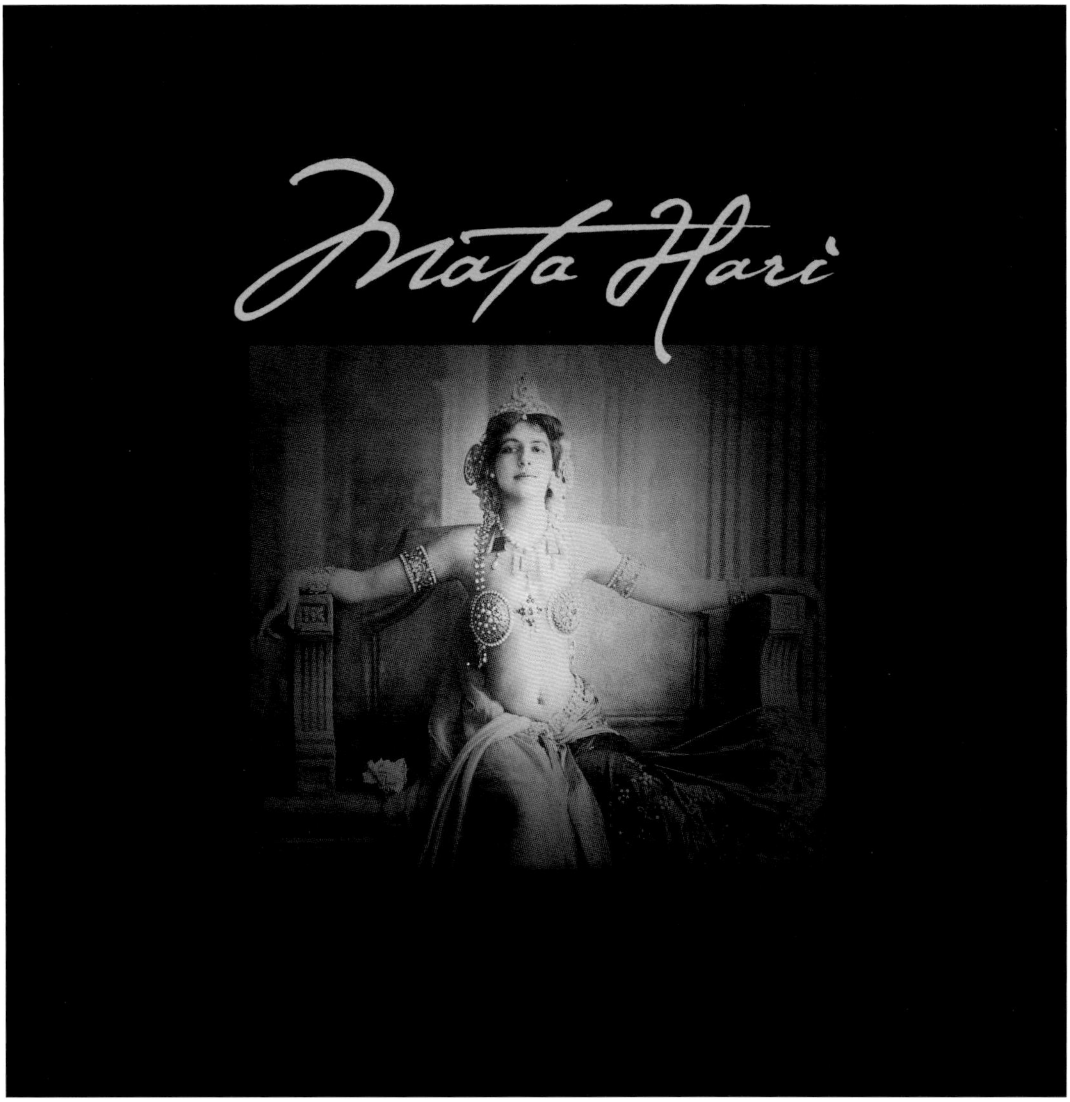

玛塔·哈里 (Mata Hari)
起泡葡萄酒标签

设计师：谢尔盖·阿基门科 (Sergei Akimenko)
国家：俄罗斯
艺术总监：谢尔盖·阿基门科
客户：库尔萨夫斯基·文扎沃德 (Kursavsky Vinzavod)

玛塔·哈里是 20 世纪初期的一位传奇女性。即使在今天，这位出色的交际花间谍依然会让人兴奋不已。这位性感女人的舞步充满魅力，令人陶醉，就像起泡酒。简单而又富有表现力的设计，能让每个人在想象中创造独属于自己的形象。

PB 精品起泡葡萄酒标签

设计师：谢尔盖 · 阿基门科
国家：俄罗斯
艺术总监：谢尔盖 · 阿基门科
客户： 罗斯托夫 (Rostov) 香槟酒庄

这是一款为限量版优质陈酿起泡酒所做的设计。标签设计的主要任务是展现陈酿起泡酒的复古与高贵。这个标签成功地将葡萄酒纸的纹理与亚光箔和浮雕艺术结合在了一起。

РОСТОВСКИЙ КОМБИНАТ
ШАМПАНСКИХ ВИН
ПОЛУСЛАДКОЕ
РОСТОВСКОЕ
ВИНО ИГРИСТОЕ БЕЛОЕ
БРЮТ

TEQUILA
tequila blanco 100 % agave azul
destilado en los altos de jalisco
HECHO EN MÉXICO
CASA PUJOL 87

卡萨·普若尔 87 龙舌兰酒 (Tequila Casa Pujol 87)

设计机构: 安娜格拉玛工作室
国家：墨西哥
摄影：卡罗加 · 福托
客户: 卡萨·普若尔 87 龙舌兰酒

龙舌兰酒的纯度和风味是这款酒的主要特点。我们设计了一个标签，以简约优雅地突显这些特点。版式设计的目的是为了突出最值得关注的产品信息：产地与品质。使用中性的色调，与产品展示的简约性相协调。蓝金丝带作为包装增加了优雅感和独特性。在设计过程中，我们确保所用的材质贴合品牌价值。图标的设计灵感来源于位于哈利斯科 (Jalisco) 的圣地亚哥阿普斯托尔神庙 (Santiago Apóstol temple)。这座建筑的风格和设计代表了墨西哥的历史和文化。

CASA PUJOL87

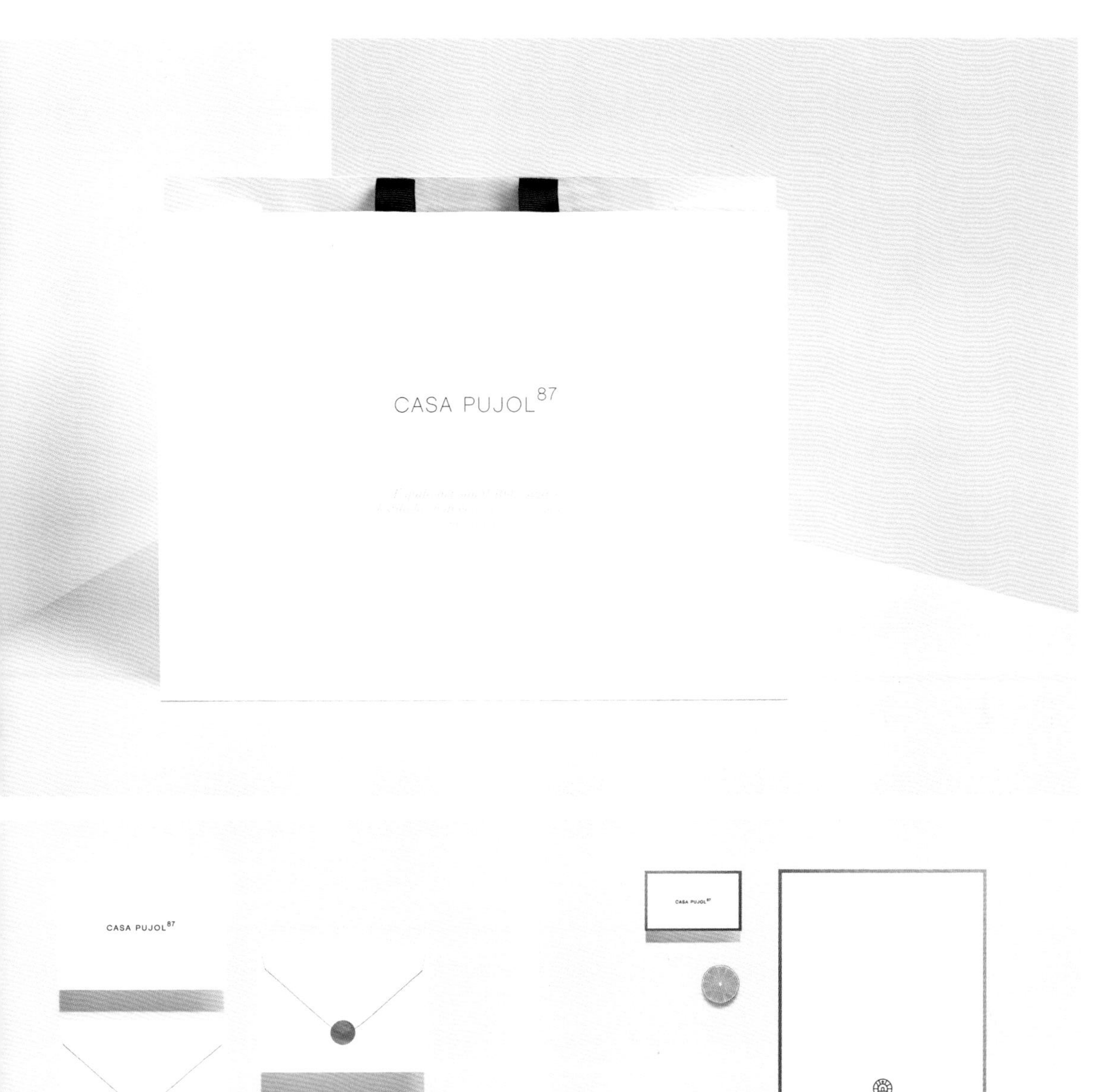

卡萨·普若尔 87 龙舌兰酒

设计机构：安娜格拉玛工作室
国家：墨西哥
摄影：卡罗加 · 福托
客户：卡萨 · 普若尔 87 龙舌兰酒

CASA PUJOL87°
CASA PUJOL87°
CASA PUJOL87°
HECHO EN MÉXICO
CASA PUJO

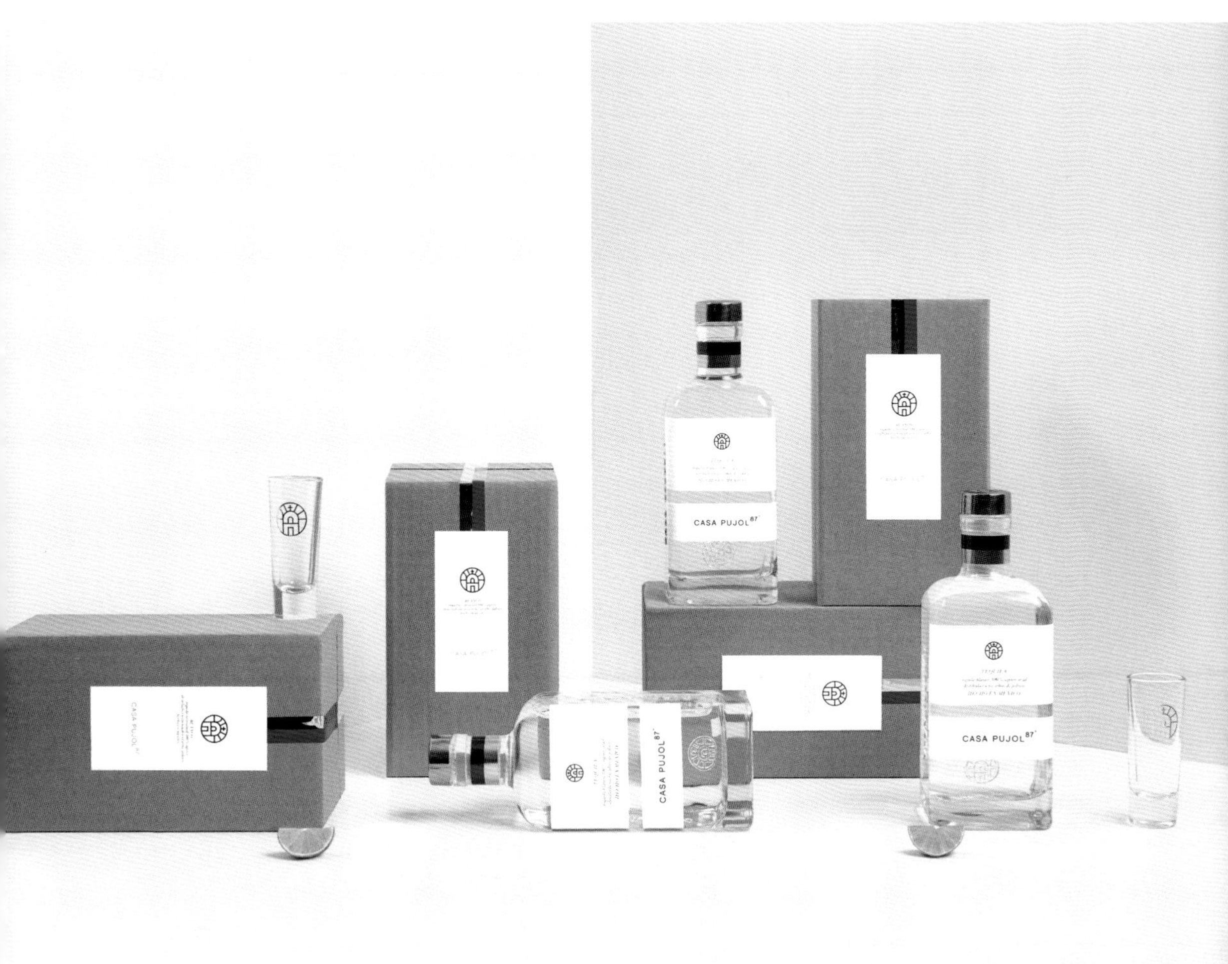

卡萨·普若尔 87 龙舌兰酒

设计机构: 安娜格拉玛工作室
国家: 墨西哥
摄影: 卡罗加·福托
客户: 卡萨·普若尔 87 龙舌兰酒

tesis

TEA CULTURE

茶文化

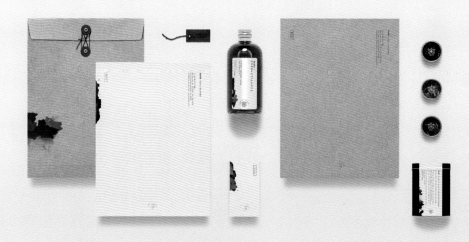

特希斯 (TESIS)

设计机构：安娜格拉玛工作室
国家：墨西哥
摄影：卡罗加 · 福托
客户：特希斯

书法是日本最受欢迎的艺术之一，是日本智识分子所受教育的一部分，他们还会传统的茶道表演，来营造禅宗的意蕴。以日本艺术为灵感，利用水渍和墨迹来表现茶的变化万端的复杂形态和浅淡的清香。
同样，基于日本的阅读传统，我们在包装上采用了垂直的文字排版，在古典和现代风格的融合间得到一种平衡。徽标象征着日本风铃 (Fuurin)，初夏时人们会把它挂在家的门窗上。底色主要使用自然色调，用红色强调重点细节，用金箔渲染典雅效果。

TEA

TEA

TEA

TEA

TEA

TEA

TEA

TEA

TEA

TEA

TEA

TEA

tesis /
ANTIOXIDANTE
TÉ NEGRO + FRUTOS ROJOS
100% Hebras de té
500ml

特希斯

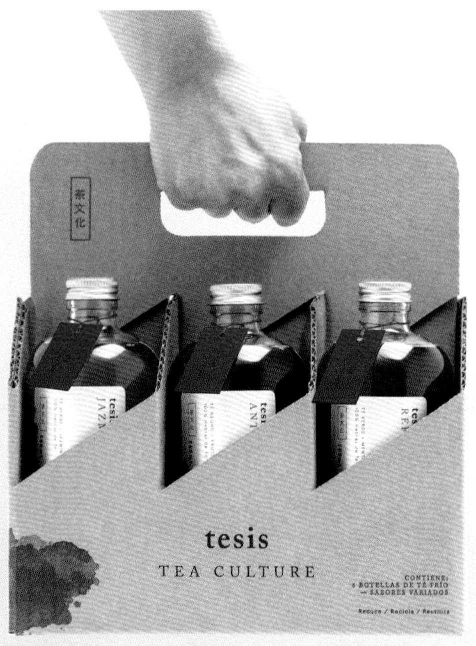
茶文化
tesis
TEA CULTURE
CONTIENE:
6 BOTELLAS DE TÉ FRÍO
— SABORES VARIADOS
Reduce / Recicla / Reutiliza

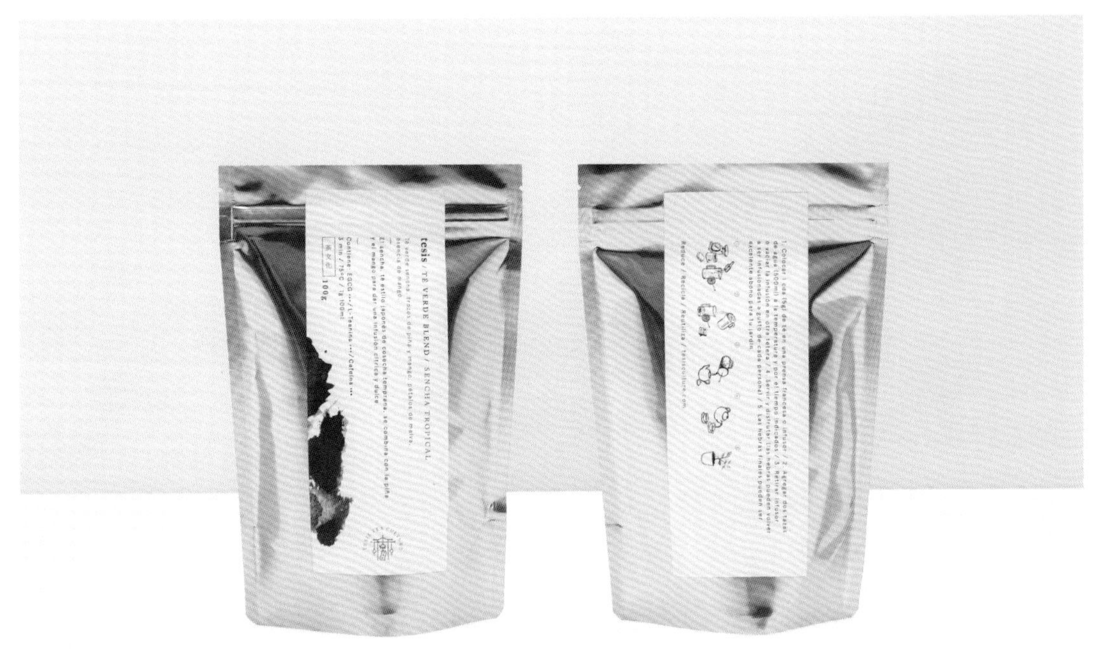

设计机构：安娜格拉玛工作室
国家：墨西哥
摄影：卡罗加 · 福托
客户：特希斯

特希斯

设计机构：安娜格拉玛工作室
国家：墨西哥
摄影：卡罗加 · 福托
客户：特希斯

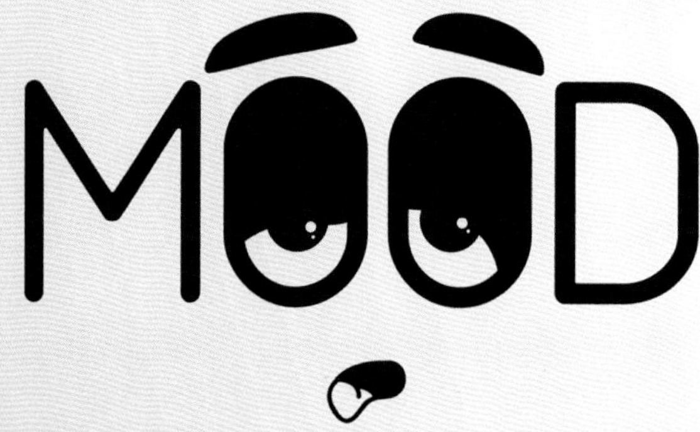

心情咖啡 (MOOD COFFEE)

设计师：大卫 · 霍夫汉尼斯扬 (David Hovhannisyan)
国家：俄罗斯

心情咖啡的包装展示了每喝一口咖啡后被唤醒的过程。你会充满能量，在喝完一杯充满活力的咖啡后达到最佳的精神状态！打开咖啡杯盖，元气满满一整天！咖啡杯上的眼睛将会告诉你，这正是你最喜欢的咖啡！

MOOD
COLOMBIA
CLASSIC
GROUND
COFFEE
125G

MOOD
MOOD

M
TURN
ME
D
ETHIOPIA
CLASSIC
GROUND
COFFEE
125G
MOOD
ETHIOPIA
CLASSIC
GROUND
COFFEE
125G
MOOD
ETHIOPIA
CLASSIC
GROUND
COFFEE
125G
MOOD
ETHIOPIA
CLASSIC
GROUND
COFFEE
125G

心情咖啡

设计师：大卫 · 霍夫汉尼斯扬
国家：俄罗斯

多伊·查昂咖啡 (Doi Chaang Coffee)

设计机构：及时设计
国家：泰国
客户：多伊·查昂咖啡原生态有限责任公司
(Doi Chaang Coffee Original Co.,Ltd.)

泰国北部多伊 · 查昂被誉为优质咖啡种植区。多伊 · 查昂咖啡业务主要是为了使当地的咖啡种植者有稳定的工作，过上幸福的生活。这些种植者大多是山地部落居民。多伊 · 查昂山上，聚居着几个不同的山地部落，如阿卡族 (Akha)、傈僳族 (Lisu) 和山楂族 (Haw)。

为了使这些高地居民更加团结、更具自豪感，新的包装设计旨在展示每一个不同的山地部落，小袋上的山地咖啡种植者们穿着漂亮的传统服装，露出幸福的微笑。

每一年，咖啡种植者的照片都会更换一次，这种新的包装使咖啡种植者们感到自豪，他们也会将对多伊 · 查昂品牌的喜爱传递给孩子们。我们发现，以前想与外来投资者合作的家庭，现在都加入了多伊 · 查昂咖啡公司。这是整个咖啡种植者社区的成功。

降临节日历 (Advent Calendar)

设计师：津田弘史（津田浩）
设计机构：津田弘史设计工作室 (Hiroshi Tsunoda Design Studio)
国家：西班牙
摄影：阿尔乔姆 · 施韦默尔 (Hiroshi Tsunoda)
客户：巧克力工厂 (Chocolat Factory)

几年前我就想重新设计降临节日历，得益于我们与巧克力工厂牢固的伙伴关系，今年出现了绝佳的再设计的机会。通常，降临节日历的外观都充满了童趣，我想设计一款对成年人和孩子都具有吸引力的作品。

我们的设计理念是在品尝巧克力工厂生产的巧克力的同时，创造出一种让全家人在圣诞节期间交流互动的氛围。当你收到这款降临节日历的时候，你会召集全家人来一起组装它。搭好架子，组装好小部件……我们试图唤起在家里装饰圣诞树的感觉。多么美好的场景啊！当 12 月来临，吃完每日份的巧克力，你可以把小盒子放回原处，转过来……24 天之后，你会得到一个惊喜……有人受够了饭后闲聊吗？我们为他们设置了一个挑战——隐藏在盒子背后的拼图游戏。

I'm full of
tree-mendous
deseos

CHOCOLAT FACTORY

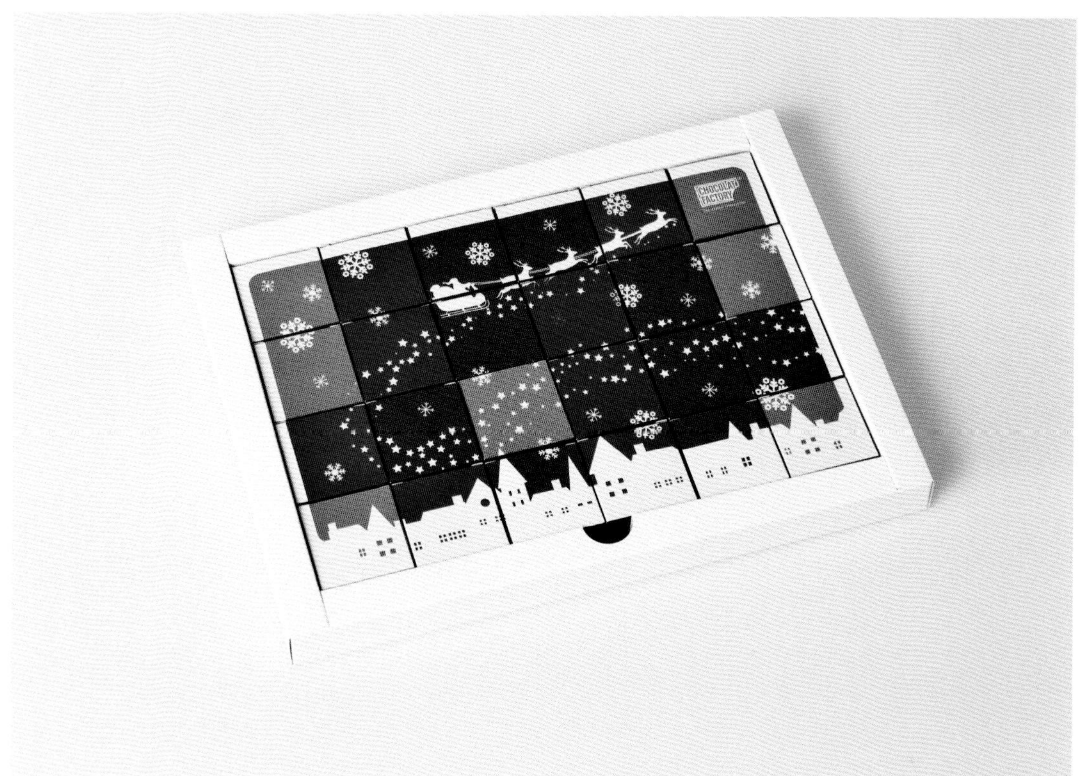
CHOCOLATE
FACTORY

降临节日历

设计师：津田弘史
设计机构：津田弘史设计工作室
国家：西班牙
摄影：阿尔乔姆·施韦默尔
客户：巧克力工厂

24
22
23
19
20
21
16
17
18

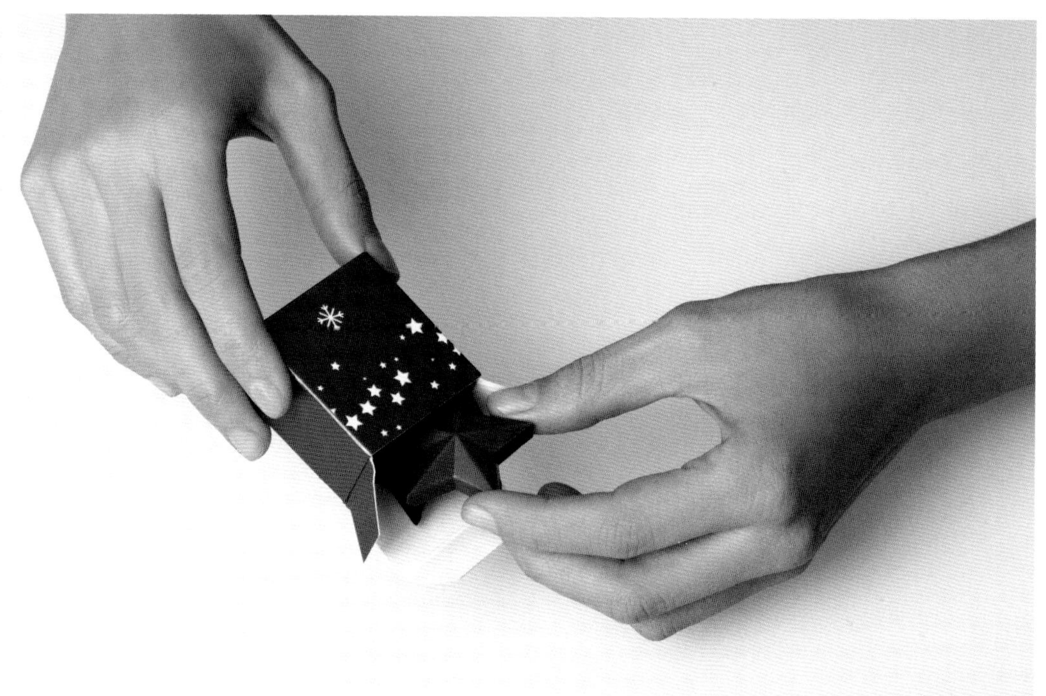

降临节日历

设计师：津田弘史
设计机构：津田弘史设计工作室
国家：西班牙
摄影：阿尔乔姆 · 施韦默尔
客户：巧克力工厂

信封 (The Envelope)

设计师：津田弘史
设计机构：津田弘史设计工作室
国家：西班牙
摄影：阿尔乔姆·施韦默尔
客户：巧克力工厂

顾名思义，这是为巧克力设计的信封，内有一张卡片，您可以在其中写上个人信息。“在我们国家的文化里，书法是一门非常重要的艺术。我想让顾客参与整个设计过程，顾客可以手写个人信息，这种方式非常私人化，有种亲密感。”除了巧克力本身的醇厚口感之外，信封上的信息也会让收信人难以忘怀。这是送给心爱之人最完美的礼物！

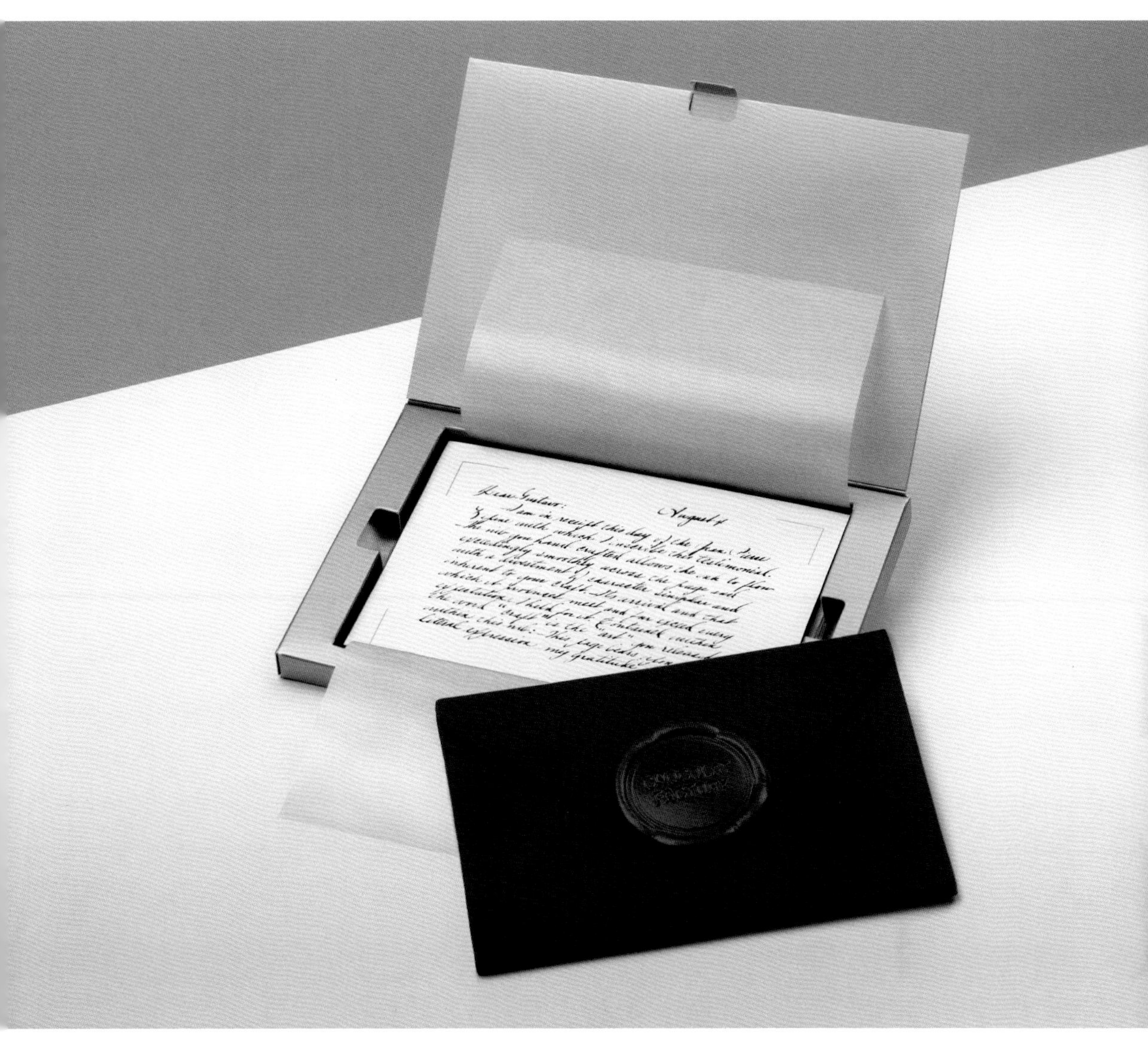

信封

设计师：津田弘史
设计机构：津田弘史设计工作室
国家：西班牙
摄影：阿尔乔姆 · 施韦默尔
客户：巧克力工厂

邦纳德

设计机构：安娜格拉玛工作室
国家：墨西哥
摄影：卡罗加·福托
客户：邦纳德

PÂTISSERIE
(À BIENTÔT)
—
BONNARD
BOUTIQUE DE REPOSTERÍA Y TÉ
EST. 2011

我们采用干净利落的无衬线字体设计，使邦纳德有一种高端时尚品牌的奢华感。金箔邮票与简洁的铅字相映成趣，同时也使得油漆涂痕更有随意感。文字中的圆形十字图标与马卡龙的形状有关，马卡龙是邦纳德的主推美食之一。

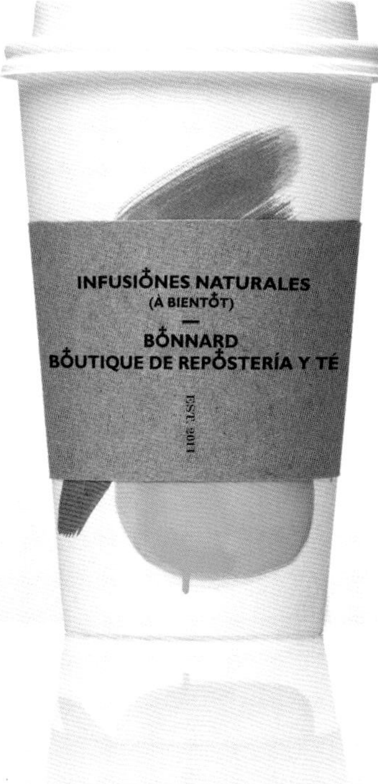
INFUSIÔNES NATURALES
(À BIENTÔT)
BÔNNARD
BÔUTIQUE DE REPÔSTERÍA Y TÉ
EST. 2011

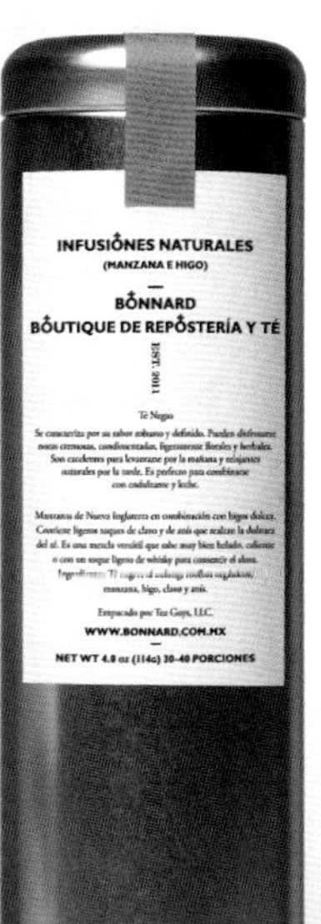
INFUSIÔNES NATURALES
(MANZANA E HIGO)
BÔNNARD
BÔUTIQUE DE REPÔSTERÍA Y TÉ
WWW.BONNARD.COM.MX
NET WT 4.8 oz (114c) 30-40 PORCIONES

INFUSIÔNES NATURALES
(MANZANILLA CON VAINILLA)
BÔNNARD
BÔUTIQUE DE REPÔSTERÍA Y TÉ
WWW.BONNARD.COM.MX
NET WT 4.8 oz (114c) 30-40 PORCIONES

INFUSIÔNES NATURALES
(SPA PURIFICANTE)
BÔNNARD
BÔUTIQUE DE REPÔSTERÍA Y TÉ
WWW.BONNARD.COM.MX
NET WT 4.8 oz (114c) 30-40 PORCIONES

INFUSIÔNES NATURALES
(MANGO Y PÉTALOS DE ROSA)
BÔNNARD
BÔUTIQUE DE REPÔSTERÍA Y TÉ
WWW.BONNARD.COM.MX
NET WT 4.8 oz (114c) 30-40 PORCIONES

LÔRENA PARADA
BÔNNARD
BÔUTIQUE DE REPÔSTERÍA Y TÉ
(644) 415 50 60
WWW.BÔNNARD.COM.MX
AVENIDA NÁINARI ÔRIENTE 106
CIUDAD OBREGÔN, SONÔRA

邦纳德

设计机构：安娜格拉玛工作室
国家：墨西哥
摄影：卡罗加 · 福托
客户：邦纳德

瑟勒尔和托马斯

设计机构：安娜格拉玛工作室
国家：墨西哥
摄影：卡罗加 · 福托
客户：瑟勒尔和托马斯

在这次设计中，重要的是强调这款甜点所特有的价值和优雅精致感，并展现它的细节。我们选择白色作为主色调，以使人们的注意力集中到五颜六色的马卡龙上。在设计中加入了青色和品红色的线条，与现代法国国旗形成呼应，看起来更具有前卫感。我们使用了菲尔敏 (Firmin) 和皮埃尔 · 迪多 (Pierre Didot) 设计的法式字体，这种字体增加了品牌的精致感。

THEUREL & THOMAS

Maison du Macaron

瑟勒尔和托马斯

设计机构：安娜格拉玛工作室
国家：墨西哥
摄影：卡罗加 · 福托
客户：瑟勒尔和托马斯

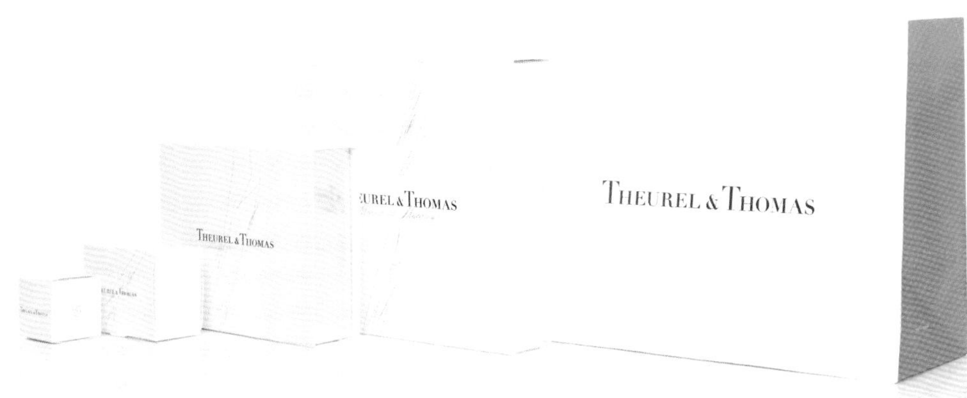

落合孝司糕点 (Takashi Ochiai's pastry)

设计师：津田弘史
设计机构：津田弘史设计工作室
国家：西班牙
摄影：阿尔乔姆 · 施韦默尔
客户：落合孝司糕点

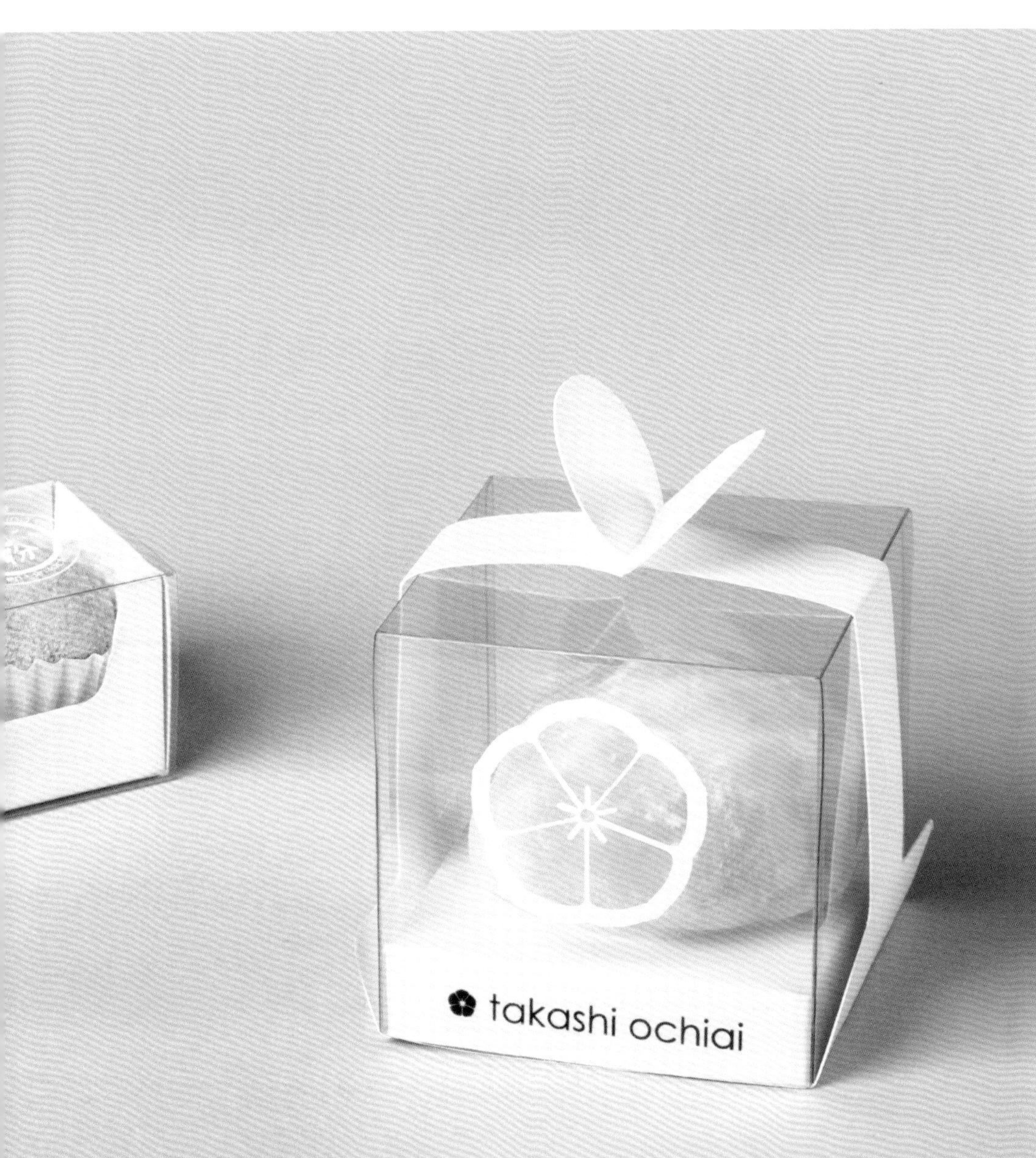

落合 (Ochiai) 糕点是巴塞罗那著名的日式糕点，由落合孝司 (落合隆二) 于 1983 年创立。我们见面的时候，落合先生正准备推出一款新的糕点，他委托我们进行包装设计。

莫奇亚 (Mochiai) 和迷你麻糬 (Minimochi) 是落合糕点中最有名的大福族 (Daifukus) 系列中的两款产品。这些糕点色彩缤纷，视觉上很吸引人，所以从一开始包装思路就围绕着展示糖果，并设计成礼盒。遵循日本的审美趋势，这些盒子在整体上要形式简洁，同时也要展现出糕点所有的细节。另外，虽然白色在日式糕点中并不常见，但在设计中却非用不可，它显示了落合糕点精湛而又自由的手工技艺。

我们为莫奇亚和迷你麻糬制作了一个袋子，可以与糕点配套使用。受日本折纸技艺的启发，袋子是用一层薄薄的硬纸板做成的，这种材质非常容易折叠，很适合用来做这两款产品的包装袋。整个包装使用的都是可持续利用的材料，也非常节省空间。

落合孝司糕点

设计师：津田弘史
设计机构：津田弘史设计工作室
国家：西班牙
摄影：阿尔乔姆 · 施韦默尔
客户：落合孝司糕点

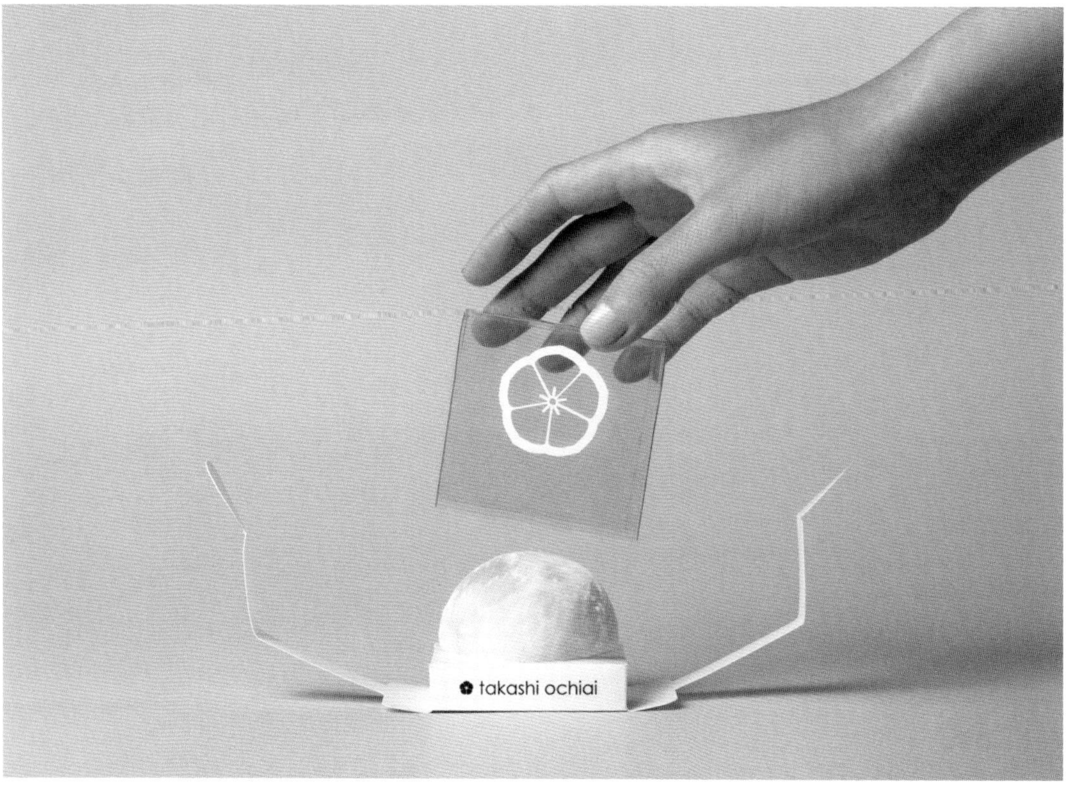

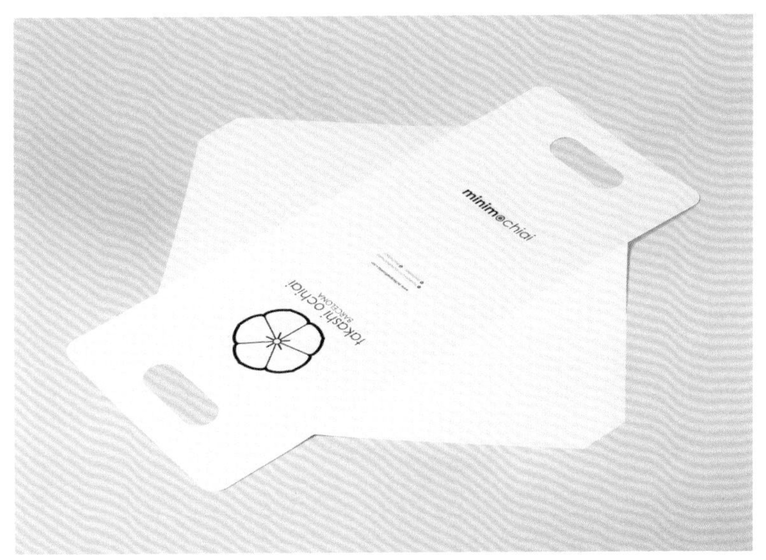
minimochiai
takashi ochiai
BARCELONA

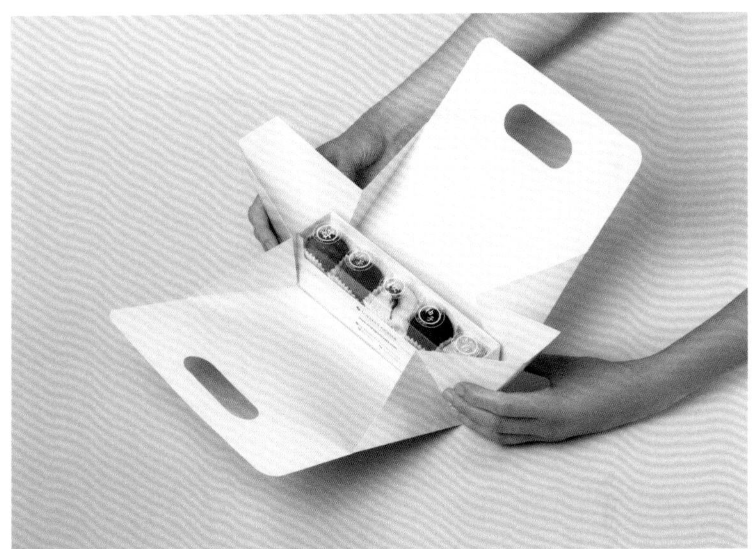

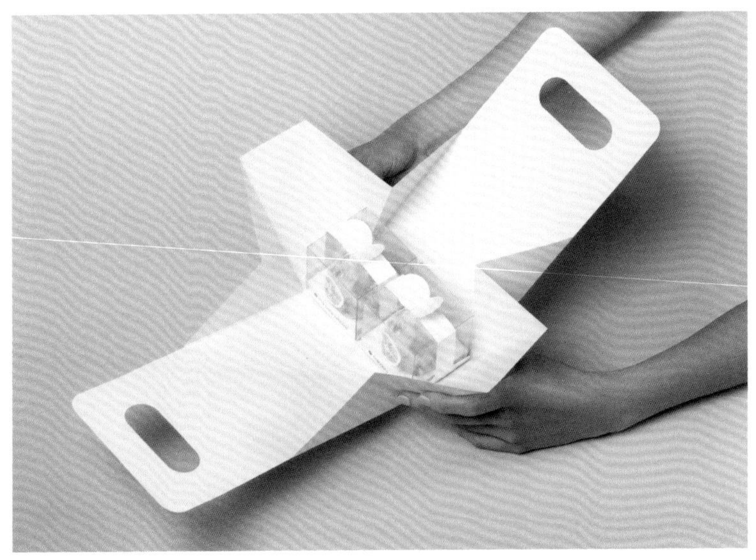

takashi ochiai
BARCELONA
takashi ochiai
BARCELONA

落合孝司糕点

设计师：津田弘史
设计机构：津田弘史设计工作室
国家：西班牙
摄影：阿尔乔姆 · 施韦默尔
客户：落合孝司糕点

歌舞伎儿童 (KABUKI KIDS)

设计师：南政宏（南政宏）
设计机构：南政宏设计 (Masahiro Minami Design)
国家：日本
创意总监：南政宏
客户：加生·罗库比 (Kasho Rokube)

歌舞伎儿童是一款日式点心蛋糕，红豆馅儿搭配传统的轻质牛奶外层。

包装的设计是为了纪念历史悠久的松浦喜山节 (Hikiyama Matsuri)，也是为了庆祝 2016 年该节日被列入联合国教科文组织"人类非物质文化遗产"名录。

长滨市滋贺县的传统花车节始于400年前的安土桃山时代，因其由儿童在花车上进行歌舞表演而闻名于世。和传统歌舞只能由男性表演一样，儿童也仅限于男孩，他们要经过极为严格的训练。

为了表演，这些男孩会化妆成传统的歌舞伎，这种被称为“彩绘脸谱”的妆容让舞台效果更加逼真、更加激动人心。歌舞伎儿童糕点被装在特制的盒子里。盒盖是一个带橡皮筋的彩绘脸谱面具，孩子们可以戴上面具自己进行歌舞伎表演。单独的蛋糕包装纸也进行了彩绘脸谱的设计。

生产歌舞伎儿童糕点是为了将这种引人入胜的日本传统和文化传承给子孙后代。这也是日本糖果制造商加生·罗库比委托我们进行此次设计的目的，歌舞伎儿童糕点将以罗库比 X(Rokube X)的品牌出售。

歌舞伎儿童

设计师：南政宏
设计机构：南政宏设计
国家：日本
创意总监：南政宏
客户：加生 · 罗库比

祝！
「長浜曳山祭」
ユネスコ無形文化遺産
登録！
KABUKIKIDS
¥1620（税込）

GOOD CACAO
33.8°
CHOCOLATE
BEAN TO BAR
MELTING POINT OF CHOCOLATE 33.8°
NORTH LATITUDE OF OUR FACTORY 33.8°
ND TOBAGO
NET WT 45g / 1.59oz

优质可可 (GOOD CACAO)

设计师：松本晃司 (松本あこじ)
设计机构：菲尔浩斯 (Grand Deluxe)
国家：日本
客户：卡勒斯维尔株式会社 (Colosville Co.,Ltd.)

GOOD
CACAO
DO GO
GO OD
GHANA
HAITI
CUBA
VIETNAM
TRINIDAD AND TOBAGO
TANZANIA
COSTA RICA
%
CACAO
NET WT 45g / 1.59oz
GOOD
CACAO

优质可可

设计师：松本晃司
设计机构：菲尔浩斯
国家：日本
客户：卡勒斯维尔株式会社

NORTH LATITUDE OF OUR FACTORY
33.8°

MELTING POINT OF CHOCOLATE
33.8°

BEAN TO BAR
CHOCOLATE
33.8°
GOOD CACAO

CHOCOLATE

BEAN TO BAR

www.
goodcacao.
info

№ JP-38

DO GO
GO OD

Dogo, Japan

GOOD CACAO is bean to bar chocolate in Dogo, Japan.
Dogo is famous for Dogo Onsen with a history of more than 3,000 years.
Please come visit in Dogo.

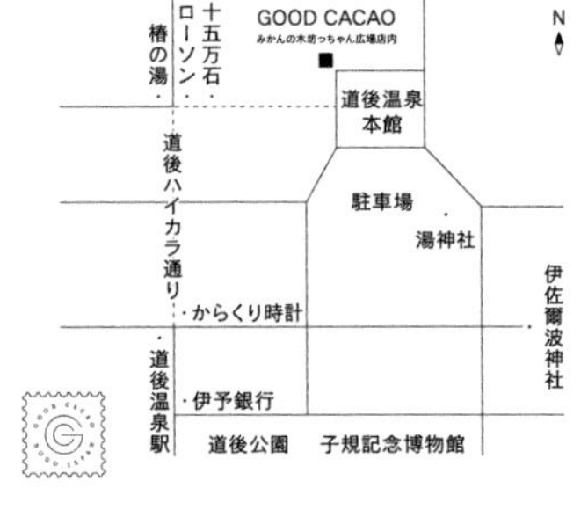

GOOD
CACAO
DO
GO
GO
OD
www.
goodcacao.
info

优质可可

设计师：松本晃司
设计机构：菲尔浩斯
国家：日本
客户：卡勒斯维尔株式会社

BEAN TO BAR
CHOCOLATE
33.8°
GOOD
CACAO
CACAO
○80%
○75%
○70%
○65%
○60%
COUNTRY
○Ghana
○Tanzania
○Vietnam
○Trinidad and Tobago
○Haiti
○Brazil
○Nicaragua
○Other
DOGO, EHIME
NET WT 45g / 1.59oz

33.8°
GOOD
CACAO

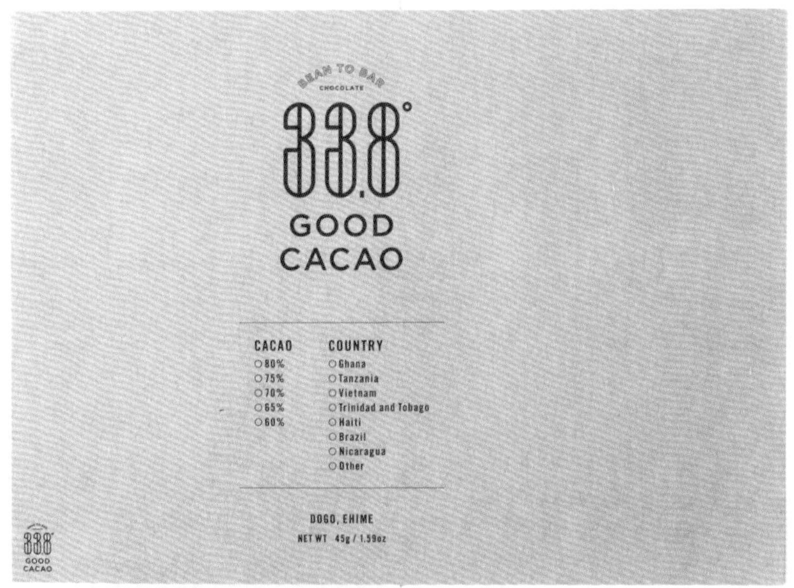
BEAN TO BAR
CHOCOLATE
33.8°
GOOD
CACAO
CACAO
○80%
○75%
○70%
○65%
○60%
COUNTRY
○Ghana
○Tanzania
○Vietnam
○Trinidad and Tobago
○Haiti
○Brazil
○Nicaragua
○Other
DOGO, EHIME
NET WT 45g / 1.59oz
GOOD
CACAO

米尔扎姆 (Mirzam)：怪物收藏

设计机构：骨干品牌
设计师：斯蒂芬 · 阿扎里扬
国家：亚美尼亚
插图画家：斯蒂芬 · 阿扎里扬、阿娜希特 · 马尔加良 (Anahit Margaryan)、阿拉克斯 · 萨格珊 (Arax Sargsyan)
项目实现：克里斯蒂娜 · 赫卢希扬 (Christina Khlushyan)
客户经理：丽塔 · 曼吉基安 (Rita Manjikian)
摄影：骨干品牌
客户：米尔扎姆巧克力制造商

阿联酋迪拜的巧克力制造商与我们联系，委托我们为手工制作的巧克力进行品牌设计。从命名标识到产品设计和包装，骨干品牌工作室为每个元素都设计了吸引人的故事。整个品牌的设计概念都围绕着古老东方的穿越之旅，沿着被遗忘已久的海洋路线和隐秘小径游历，途经一个又一个国家，遇见很多怪物和传奇人物。米尔扎姆这个名字取自临近猎户座中较大的一个星群，大犬星座中的贝塔星 (Beta star)。在大航海时代，米尔扎姆是水手们作为航行指南的主要恒星之一，它代表了昔日的浪漫和冒险。让我们用米尔扎姆巧克力来庆祝这个时代。

“米尔扎姆：怪物收藏”这个包装系列是我们对阿拉伯商人讲述的虚构故事的解读：为了吓退竞争对手以便进行海洋贸易，他们虚构了神话中的怪物，这些怪物会封锁对方的航线，吞没其载满香料的商船。

包装设计给人一种神话与现实交织的错觉，通过交互式的设计来打破神秘感。慢慢滑动，抽掉外包装，怪物们就会清晰可见，好像阿拉伯商人们的神话故事近在眼前。取下外包装，你会发现来自星星和海洋生物的光芒，我们创造了一个神奇的神话形象。

为了反映巧克力是由五种独特的混合香料制成的，我们创造了五个怪兽。我们用梦幻的色调生动地绘制了香料、巧克力和怪物之间的奇幻故事。这个神秘的旅程会一直伴随你，当你打开巧克力包装，你会从巧克力块儿上起伏的海浪上，体验到来自米尔扎姆巧克力的冒险。

Mirzam
CHOCOLATE MAKERS
62% Dark Chocolate with Coffee & Cardamom
Mirzam
CHOCOLATE MAKERS
62%
Dark Chocolate with Coffee & Cardamom

Mirzam
CHOCOLATE MAKERS
Mirzam
CHOCOLATE MAKERS

Mirzam
CHOCOLATE MAKERS
Mirzam
CHOCOLATE MAKERS

Mirzam
CHOCOLATE MAKERS
Mirzam
CHOCOLATE MAKERS

Mirzam
CHOCOLATE MAKERS
Mirzam
CHOCOLATE MAKERS

米尔扎姆：怪物收藏

设计机构：骨干品牌
设计师：斯蒂芬·阿扎里扬
国家：亚美尼亚
插图画家：斯蒂芬·阿扎里扬、阿娜希特·马尔加良、阿拉克斯·萨格珊
项目实现：克里斯蒂娜·赫卢希扬
客户经理：丽塔·曼吉基安
摄影：骨干品牌
客户：米尔扎姆巧克力制造商

Mirzam
CHOCOLATE MAKERS
Dark Chocolate with Dates & Fennel
62%
Mirzam
CHOCOLATE MAKERS
62%
Dark Chocolate with Coffee & Cardamom
62%
Dark Chocolate with Dates & Fennel

Mirzam
CHOCOLATE MAKERS
62%
کاکو داکن
پرتقال و دارچین
Dark Chocolate with
Orange & Cinnamon

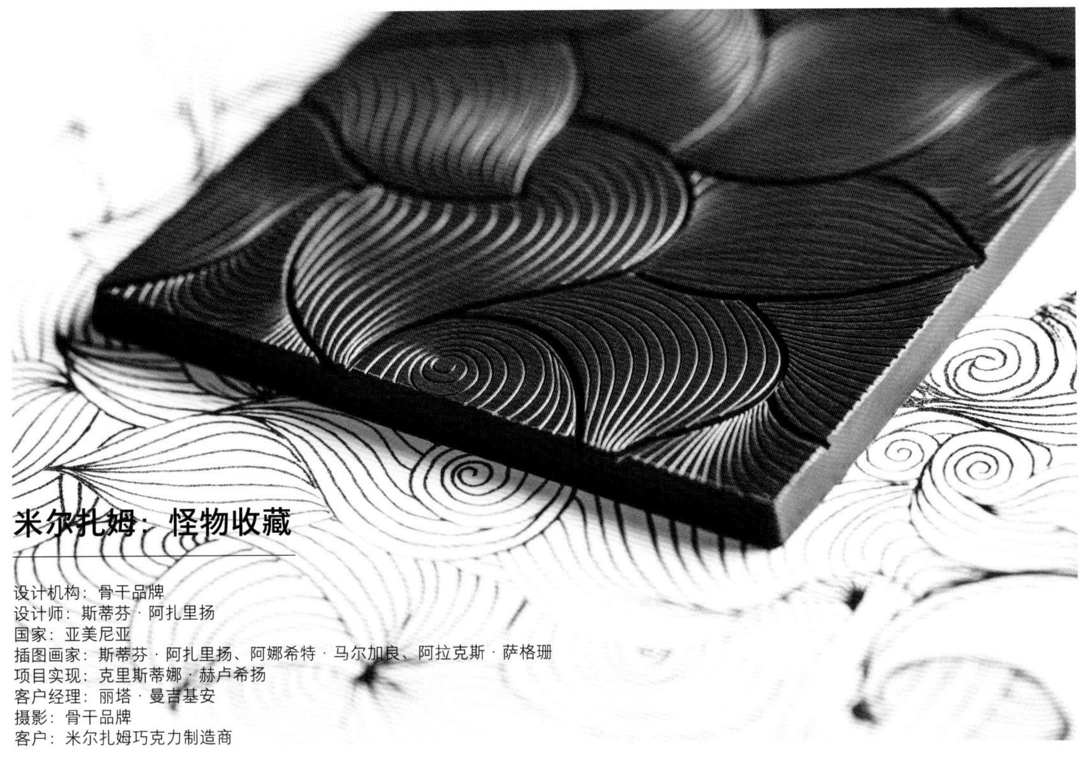

米尔扎姆：怪物收藏

设计机构：骨干品牌
设计师：斯蒂芬·阿扎里扬
国家：亚美尼亚
插图画家：斯蒂芬·阿扎里扬、阿娜希特·马尔加良、阿拉克斯·萨格珊
项目实现：克里斯蒂娜·赫卢希扬
客户经理：丽塔·曼吉基安
摄影：骨干品牌
客户：米尔扎姆巧克力制造商

BARRY
CONDUR
68%
Ilhéus
Bahia
Brasil
Cacao
Collective
1kg

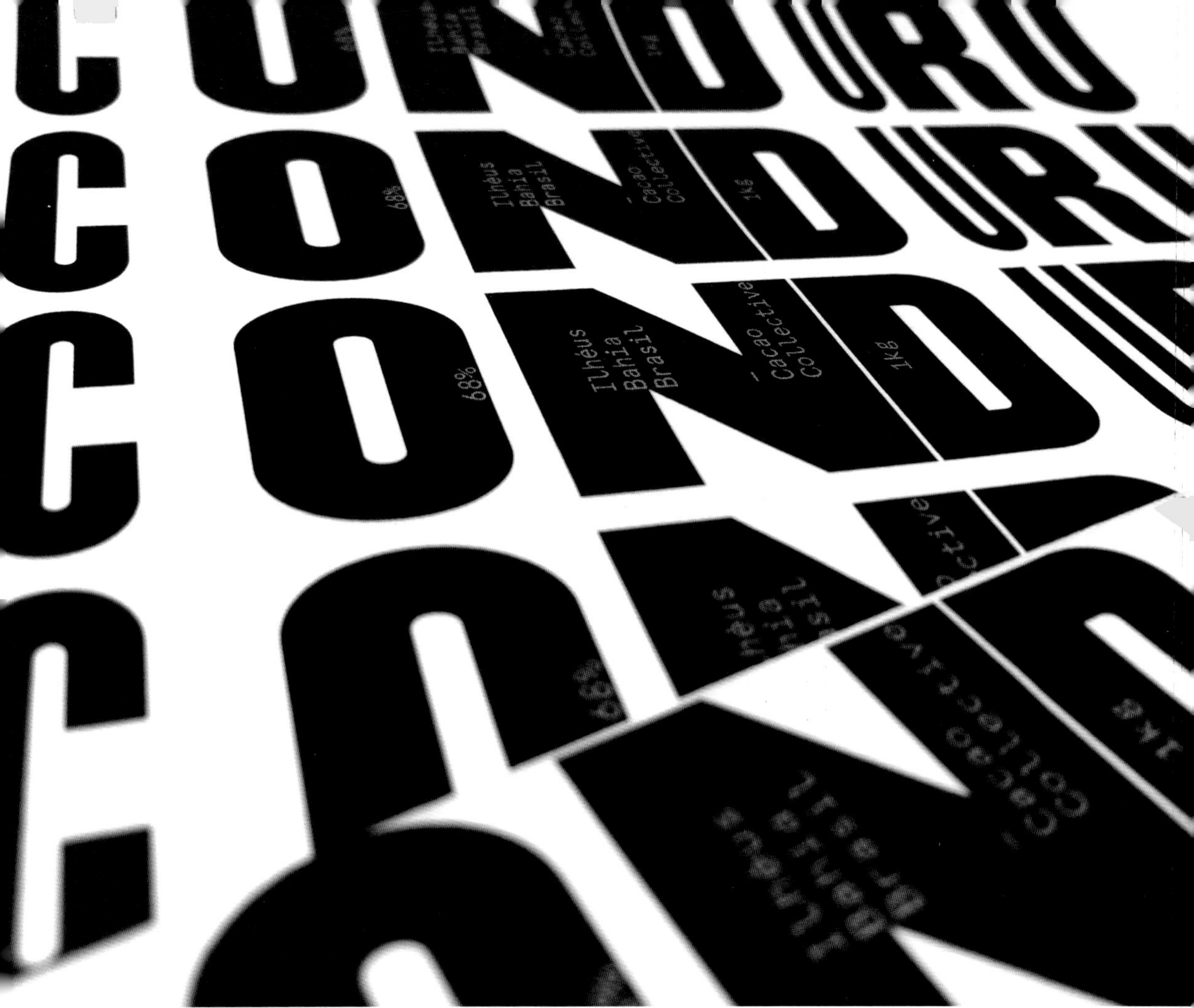

孔杜鲁巴里可可豆
(Conduru – Cacao Barry)

设计师：杰拉德·卡姆－埃维·卡斯特尔 (Gerard Calm– Xevi Castells)
设计机构：动物园工作室 (Zoo Studio)
国家：西班牙

孔杜鲁 (Conduru) 是巴西一个小型可可种植园的独家巧克力生产商，其生产了 100 袋限量版可可豆，每袋重达 1 千克。第一袋也是最特别的一袋，送给了皮埃尔·赫梅 (Pierre Herme)，他在纽约举行的 2016 年世界 50 家最佳餐厅典礼上被评为世界最佳糕点师。

包装的理念和设计来自种植农储存可可的主要材料：木材。根据这一概念，我们设计了不同类型的材质：天然的、染色的、不同厚度的。不同类型木材的颜色差异和不规则的厚度，赋予了包装节奏性和自然感，也确保了这个设计是独一无二的，传达了孔杜鲁是独家生产商的特性，并提醒人们尊重环境。

孔杜鲁巴里可可豆

设计师: 杰拉德·卡姆 – 埃维·卡斯特尔
设计机构: 动物园工作室
国家: 西班牙

埃尔·特雷索 – 谢特和罗斯
(El tresor – Set and Ros)

设计师：乔迪 · 塞拉 (Jordi Serra)
设计机构：动物园工作室
国家：西班牙

埃尔 · 特雷索 (宝藏) 是谢特和罗斯 (Set & Rose) 不为人知的秘密。它是从最好的橄榄树上摘取最好的橄榄压榨出的高级有机油，专为豪华酒店和度假村提供愉悦的享受。这个设计的挑战在于为一个 50 毫升的小瓶子赋予独特感和个性，创造一段可长久萦绕在顾客心中的特别的叙事性故事。于是我们设计了一个一次性的包装，消费者必须把它毁掉才能享用来自谢特和罗斯的高品质有机油。消费者需要自己付出努力，才会得到最后的奖赏。

包装的形状取自真正的红板岩，这种石板石原产于生长橄榄树的地中海。它是用回收的纸浆制成的，这种生态材料有种岩石的粗粝感，一使劲儿就能撕碎。包装里面，瓶子是用丝绸纸包裹的，色调明亮灿烂，和先前撕开包装前的暗沉对比鲜明。瓶子上附有说明性小册子，用地形图强调了寻找宝藏的概念，将橄榄庄园作为额外的装饰性标识。我们还通过多孔纸和金箔冲压的对比，强化了橄榄油的高品质的形象。

埃尔·特雷索 – 谢特和罗斯

设计师：乔迪 · 塞拉
设计机构：动物园工作室
国家：西班牙

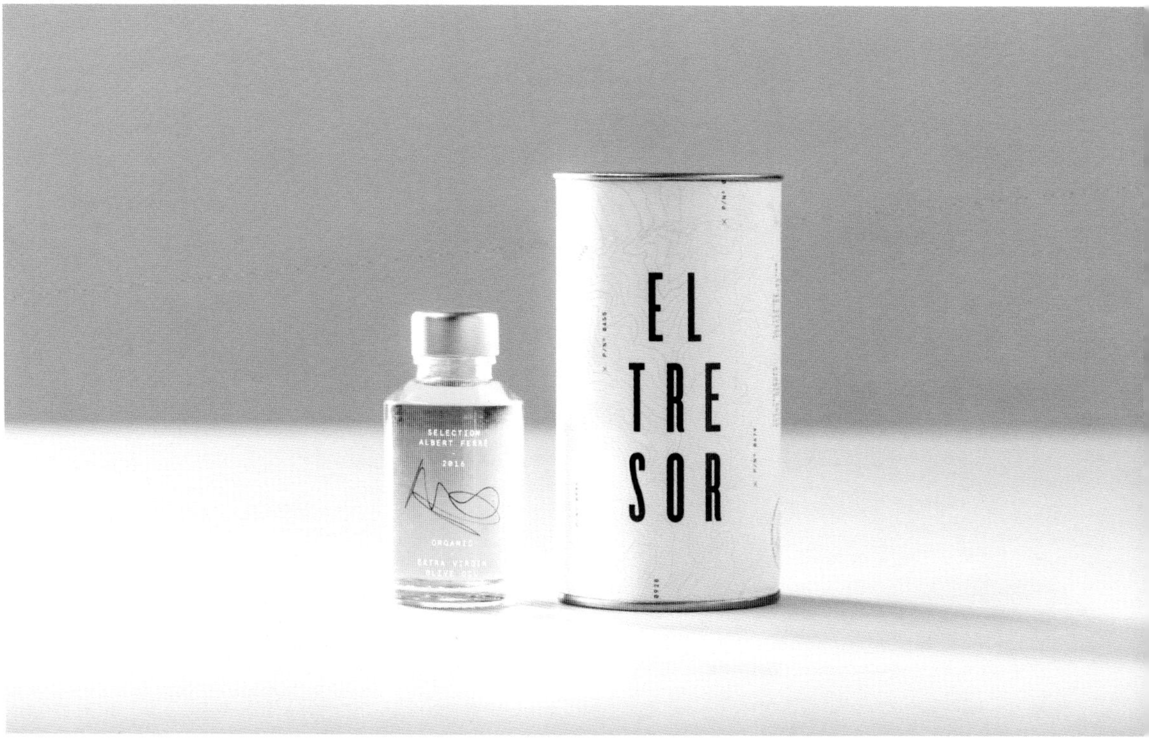
SELECTION
ALBERT FERRE
2016
ORGANIC
EL
TRE
SOR

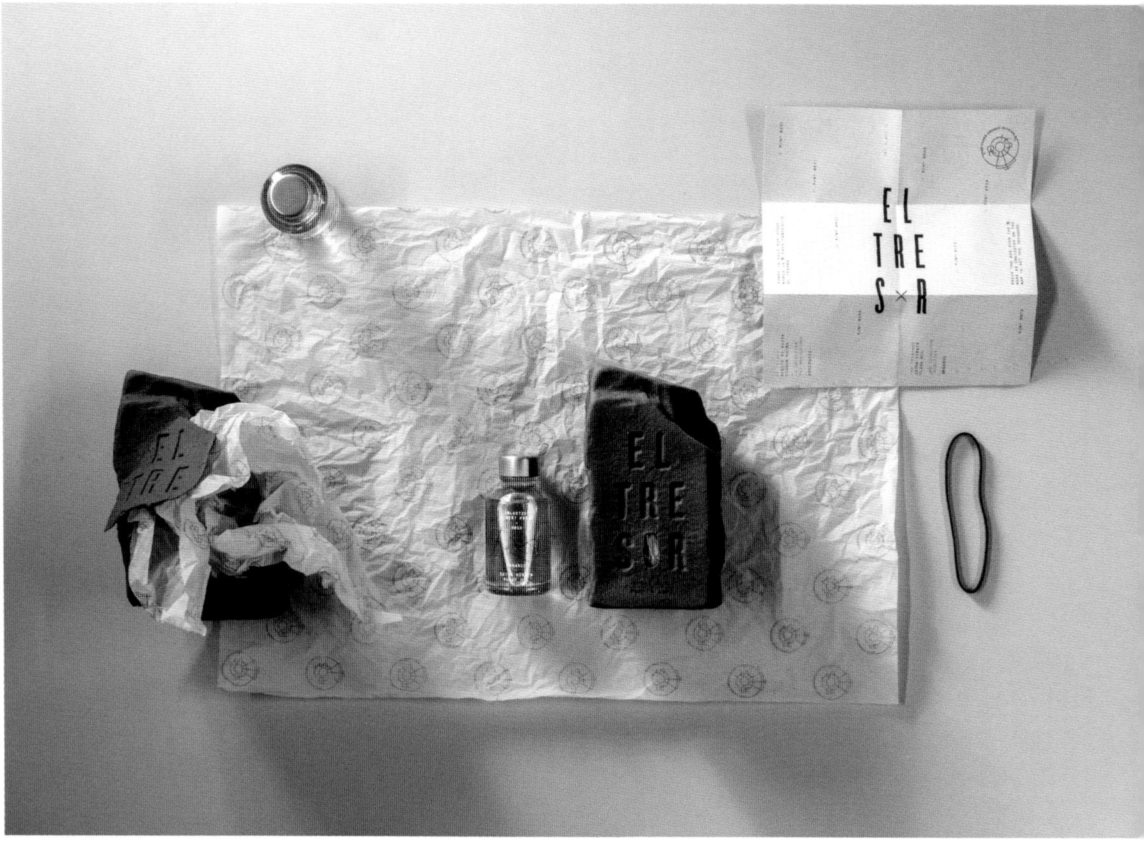
EL
TRE
S×R
EL
TRE
SOR

埃尔·特雷索 – 谢特和罗斯

设计师：乔迪 · 塞拉
设计机构：动物园工作室
国家：西班牙

罗斯·考伯－谢特和罗斯
(Ros Caubó － Set and Ros)

设计师：杰拉德·卡姆－埃维·卡斯特尔
设计机构：动物园工作室
国家：西班牙

这是罗斯·考伯有机橄榄油特别版的包装设计，使用多种多样的复合材料产生了最终的效果。这种具有有机特征的自然包装一定会吸引人们的注意。

包装的主要组成部分是两块矩形的橄榄木和形成产品内部凹槽的手工纸，这些都用麻绳捆在一起。里面还有一册小目录，写有产品信息和公司理念。

MESTRAL
100%
ARBEQUINA

MESTRAL
GARBÍ
100%
ARBEQUINA

罗斯·考伯－谢特和罗斯

设计师：杰拉德·卡姆－埃维·卡斯特尔
设计机构：动物园工作室
国家：西班牙

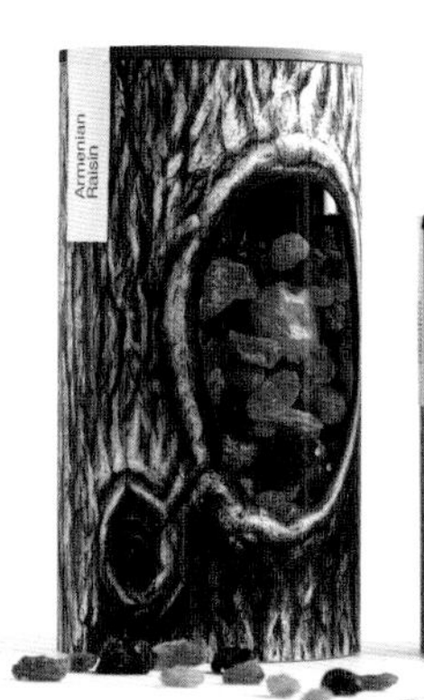

普查克 (Pchak)

设计机构：骨干品牌
设计师：斯蒂芬 · 阿扎里扬
国家：亚美尼亚
插画家：耶诺 · 萨格森 (Yenok Sargsyan)
摄影：骨干品牌

当灵光乍现的时候，我们非得将灵感付诸实施不可。普查克就是这样一个设计项目。在设计普查克的时候，我们不想增加过多的设计元素以偏离设计初衷太远。我们用同样的方式为普查克命名，“普查克”在亚美尼亚语中是“树洞”的意思。纯天然食品现在在我们都市化的日常生活中占有一席之地。有了这样的包装，您不仅可以在冬季吃到成熟的坚果和干果，而且一整年都能享用它们。

Armenian
Raisin

Apricot &
Pumpkin seeds

Dried
Cherries

PCMAK

XOCLAD

埃克斯奥克拉德 (XOCLAD)

设计机构：安娜格拉玛工作室
国家：墨西哥
摄影：卡罗加 · 福托
客户：埃克斯奥克拉德

首先，我们给它起的名字带有古西班牙风味，也告诉人们该店的主要产品是巧克力。其次，我们设计了一个迷宫般的图案，让人想起古老的玛雅艺术和建筑装饰。背景色赋予了品牌素雅纯净感，看起来时尚而又甜美。

CHOCOLATE

XOCLAD
XOCLAD

埃克斯奥克拉德

设计机构：安娜格拉玛工作室
国家：墨西哥
摄影：卡罗加 · 福托
客户：埃克斯奥克拉德

巧克力魔法 (Choco Magic)

设计师：哈查特瑞安 · 阿奈特 (Khachatryan Anait)
国家：俄罗斯
摄影：帕维尔 · 古宾 (Pavel Gubin)

设计理念是将迪万水果 (Divine) 包装成有魔法的巧克力。巧克力是上帝的食物已经不是秘密了！水果上的巧克力曼陀罗设计让包装看起来意蕴深刻且别具一格。这个设计展现了巧克力和水果之间的联系，它们都有补充能量的作用。

CHOCO MAGIC
CHOCO MAGIC
ГРУША В ШОКОЛАДЕ
CHOCO MAGIC
БАНАН В ШОКОЛАДЕ

È QUASI PRONTO

速鲜蔬菜 (FAST & FRESCO)

设计机构：奥格设计 (Auge Design)
国家：意大利
创意总监：戴维 · 摩斯科尼 (Davide Mosconi)
艺术总监：米里亚姆 · 弗雷库拉 (Miriam Frescura)
摄影：克劳迪娅 · 卡斯塔尔迪 (Claudia Castaldi)
客户：速鲜蔬菜

速鲜蔬菜是蔬菜市场上的一个年轻品牌，其独特的尖端烹饪工艺、极快的机器切割速度，可以保证所用材料的新鲜度。基于这个特点，我们设计了一个可以反映其经营理念的品牌形象，将其定位为时尚现代的高品质产品。

围绕产品既速食又新鲜的特点，我们用北欧风格的设计和摄影来塑造品牌个性，让餐点看起来优雅，吃起来既暖胃又诱人。从命名到标识到整个包装，设计风格的现代性与产品的新鲜度相契合，极具市场影响力，定能一举成名。

速鲜蔬菜

设计机构：奥格设计
国家：意大利
创意总监：戴维 · 摩斯科尼
艺术总监：米里亚姆 · 弗雷库拉
摄影：克劳迪娅 · 卡斯塔尔迪
客户：速鲜蔬菜

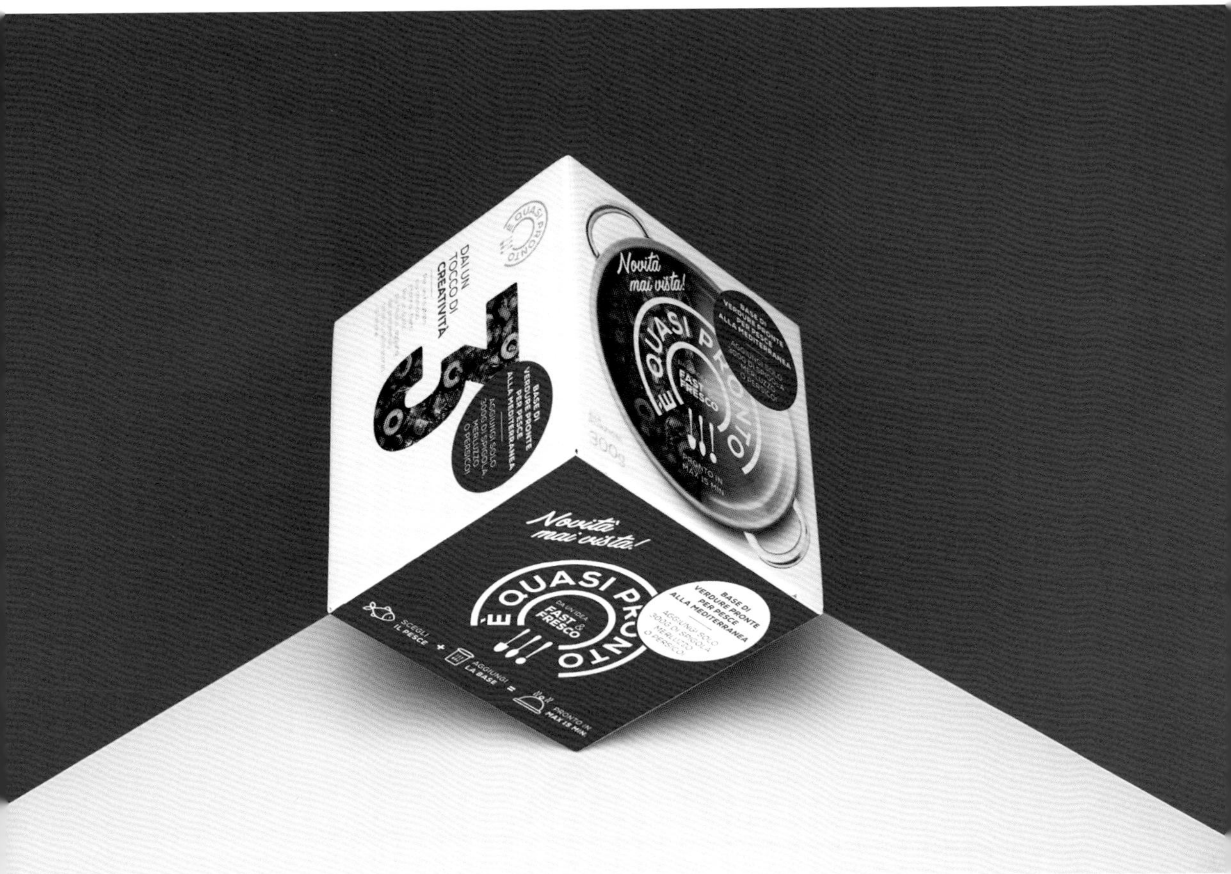

Novità mai vista!
BASE DI VERDURE PRONTE PER MAIALE IN AGRODOLCE
AGGIUNGI SOLO 300G DI FESA DI MAIALE!
È QUASI PRONTO
DA UN'IDEA
FAST & FRESCO
PRONTO IN MAX 15 MIN.
2/3 PORZIONI
300g

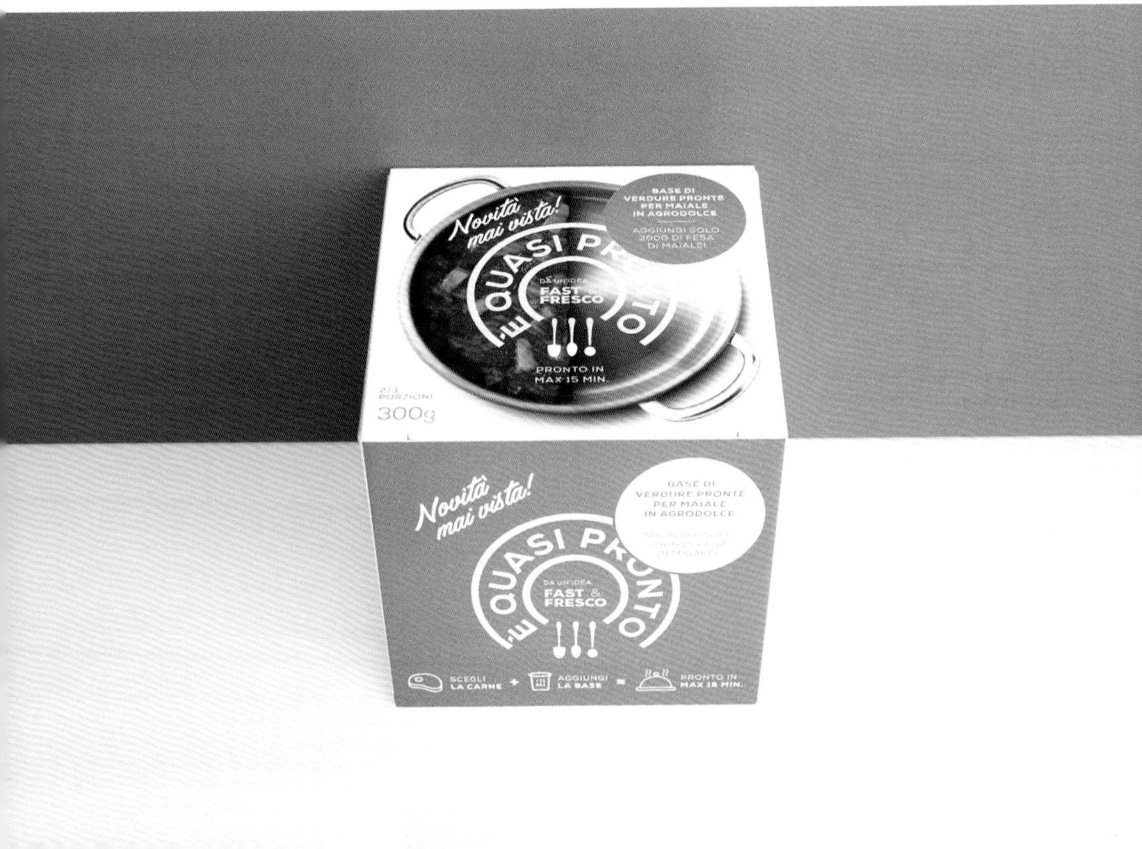

Novità mai vista!
BASE DI VERDURE PRONTE PER MAIALE IN AGRODOLCE
È QUASI PRONTO
DA UN'IDEA
FAST & FRESCO
SCEGLI LA CARNE
AGGIUNGI LA BASE
PRONTO IN MAX 15 MIN.

N°18
ZUPPA DELL'ORTO
SI SPOSANO I CEREALI ALLE VERDURE SCELTE.
TRATTATI BENE, ANCHE SE HAI FRETTA.
620 g
FAST & FRESCO
N°30
CREMA CON LEGUMI
BUONA COME LA TRADIZIONE.
TRATTATI BENE, ANCHE SE HAI FRETTA.
620 g
N°07
PASSATO DI VERDURE
L'ARMONIA CREMOSA. L'INTENSITÀ AL CUCCHIAIO.
TRATTATI BENE, ANCHE SE HAI FRETTA.
620 g
N°15
PASSATO CON ZUCCHINE, PORRI E FINOCCHI
UN GUSTO DELICATO. UN SOFFIO DI BONTÀ.
MANGIA SANO. SENZA DOVER CUCINARE.
620 g
MINESTRONE DELICATO
SENZA PATATE.
620 g

FAST & FRESCO
N:39
ZUPPA CON
E ZUCCA
LA SPEZIA DORATA
PREMIATI CON GUSTO.
È GIÀ PRONTO!
620 g
N:11
PASSATO
DI VERDURE
DELICATO
CREMOSO E RICCO
DI FIBRE BUONE.
MANGIA SANO.
SENZA DOVER
CUCINARE.
620 g
FAST & FRESCO
N:04
ZUPPA
CON LEGUMI
E CEREALI
UNA COMBINAZIONE
DI GUSTO ANTICO
E SEGRETO.
TRATTATI BENE,
ANCHE SE HAI
FRETTA.
620 g
N:14
CREMA
DI ZUCCA
E CAROTE
IL COLORE DEL SOLE.
UNA VELLUTATA
CHE SCALDA.
FAST & FRESCO
620 g
620 g

after

before

速鲜蔬菜

设计机构：奥格设计
国家：意大利
创意总监：戴维 · 摩斯科尼
艺术总监：米里亚姆 · 弗雷库拉
摄影：克劳迪娅 · 卡斯塔尔迪
客户：速鲜蔬菜

FAST & FRESCO
ZUCCHINE
E MENTA

FAST & FRESCO
SOLO PER TE!
VELLUTATA
CON FINOCCHI,
BARBABIETOLA
E MELA

FAST & FRESCO
CREMA
CON LEGUMI
620 g

Good mood is guaranteed
CANNABIS
WON DER
COOKIE
Cookies with cannabis

万德曲奇饼 (Won Der Cookie)

设计师: 大卫·霍夫汉尼斯扬、维塞沃洛德·阿布拉莫夫 (Vsevolod Abramov)
国家: 俄罗斯

荷兰最大的博物馆阿姆斯特丹国立博物馆设立了国立设计奖。于是，设计师们基于国立博物馆的收藏品设计了饼干。这些饼干一定会让您拥有美好的心情。

设计师们为万德曲奇饼设计了一系列包装。包装采用明亮的色调和微笑的人物肖像来突显设计的主旨——“微笑”，这些人物肖像就来自阿姆斯特丹国立博物馆。为了设计这些“微笑肖像”，设计师用了诸如魔性笑脸软件 (Face App) 等现代技术。

万德曲奇饼

设计师: 大卫·霍夫汉尼斯扬、维塞沃洛德·阿布拉莫夫
国家: 俄罗斯

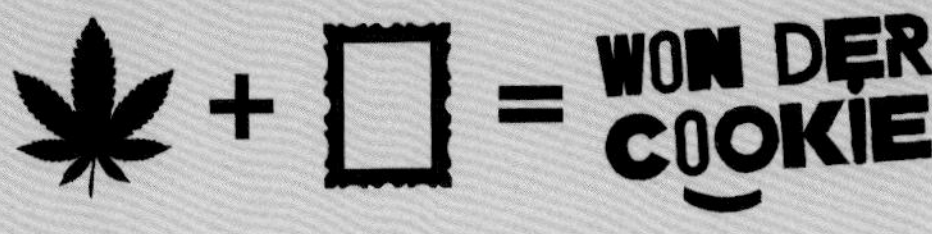
WON DER
COOKIE

Good mood is guaranteed
CANNABIS
WON DER
COOKIE
RIJKS MUSEUM
SUPPLEMENT FACTS

We used the character of the marvel – wolverine.

This product is a concept and is not used for commercial purposes

薄脆薯片 (CHOP CHIPS)

设计师: 大卫·霍夫汉尼斯扬、
维塞沃洛德·阿布拉莫夫
国家: 俄罗斯

薯片的包装使用了最著名的漫画人物——金刚狼。我们设计了很多款式，每一款金刚狼的衣服都不一样，也代表了不同的口味。这个包装对漫画爱好者和普通消费者都有吸引力。撕开外包装，好吃的薯片等着你!

LOGAN
2017
NEW
BLACK
LEATHER
2001
BONE
CLAWS
1994

LOGAN
2017
ENJOY
SUPER
SNAKES
CHOP
CHIPS
TASTE OF PAPRIKA

NEW
BLACK
LEATHER
2001
WEAPON X
SUPER
SNAKES
CHOP
CHIPS
TASTE OF ONIONS
WITH SOUR CREAM
NETO 6.38 OZ (18G.)

“甜嘴”零食
(Sweet-tooth)

设计师：谢尔盖 · 阿基门科
国家：俄罗斯
艺术总监：谢尔盖 · 阿基门科
客户：阿特拉斯

我们利用零食棒，创造了一个长着“零食头发”女孩的创意形象。它一定会给消费者留下深刻的印象，从而在超市的货架上脱颖而出。

НАСТЁНА-
СЛАСТЁНА
СОЛОМКА СЛАДКАЯ
НАСТЁНА-
СЛАСТЁНА
ИЗДЕЛИЯ ХЛЕБОБУЛОЧНЫЕ ХРУСТЯЩИЕ

НАСТЁНА-
СЛАСТЁНА
СОЛОМКА СОЛЁНАЯ
НАСТЁНА-
СЛАСТЁНА
ИЗДЕЛИЯ ХЛЕБОБУЛОЧНЫЕ ХРУСТЯЩИЕ

肆合壹：筷子餐具包套装

设计师：高鹏
设计机构：西安高鹏视觉设计有限公司
国家：中国

该餐包产品作为外卖餐饮附属品，以电商和外卖餐饮店定制为渠道模式，主力受众群体为都市白领及上班族，整体包装以消费群体特征及消费场景为创意出发点，将虚拟的餐厅服务人员形象和产品本身虚实结合形成包装主画面，包装背面呈现的内容以幽默的网络金句为主，使整体包装具有鲜明的幽默感和互动性。

早嫁何涛：农产品零食包装

设计师：高鹏
设计机构：西安高鹏视觉设计有限公司
国家：中国

该款产品主要流通于微商渠道，因行业同类产品较多而竞争异常激烈，所以本次项目设计以塑造品牌视觉差异为第一要务。品牌名称“早嫁何涛”取自产品本身谐音，将传统特产人格化、幽默化，既加强整体包装视觉的辨识度和传播力，又拉近消费者与品牌之间的距离，调动消费者与产品合影自拍与转发的积极性，发挥产品本身的渠道优势。

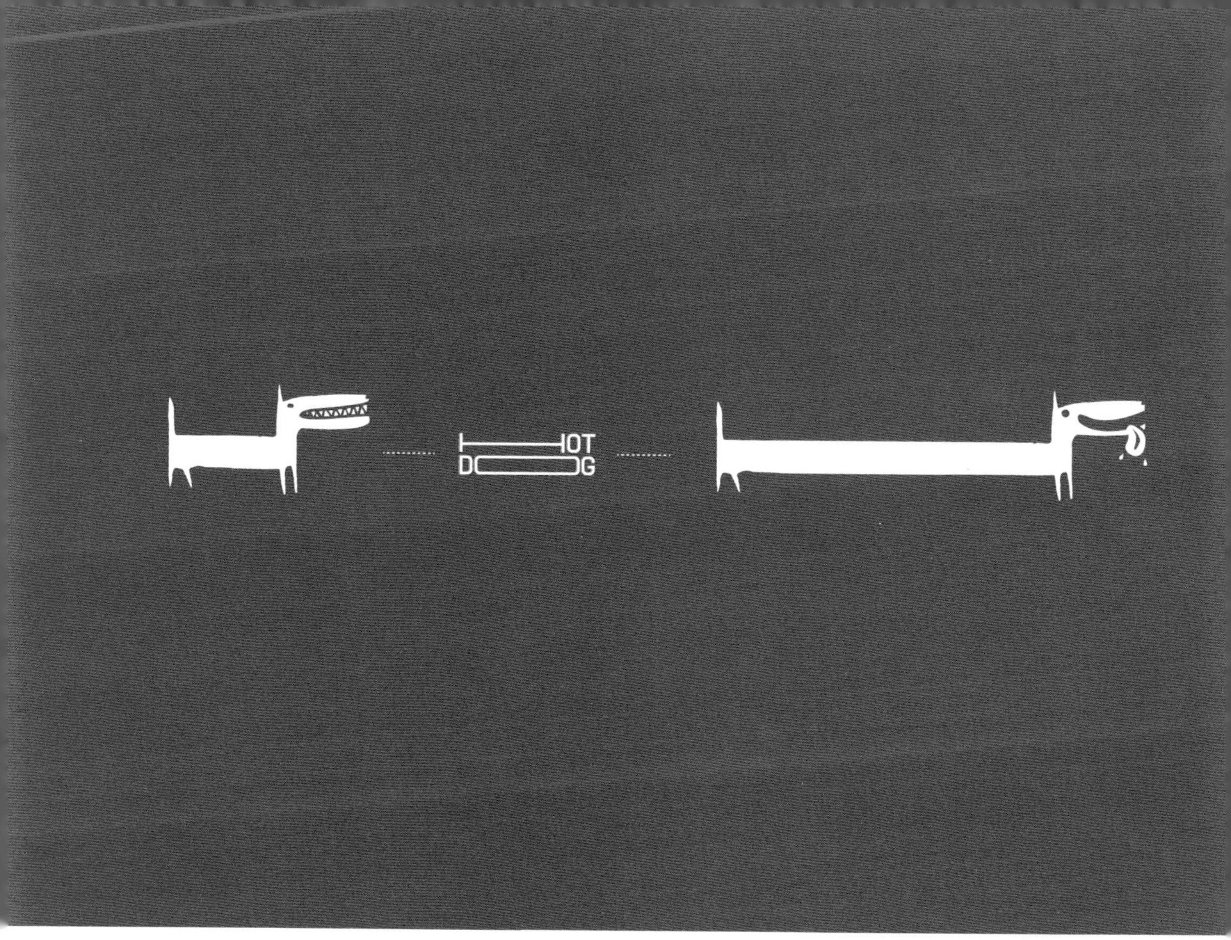

HOT
DOG

HOT
DOG

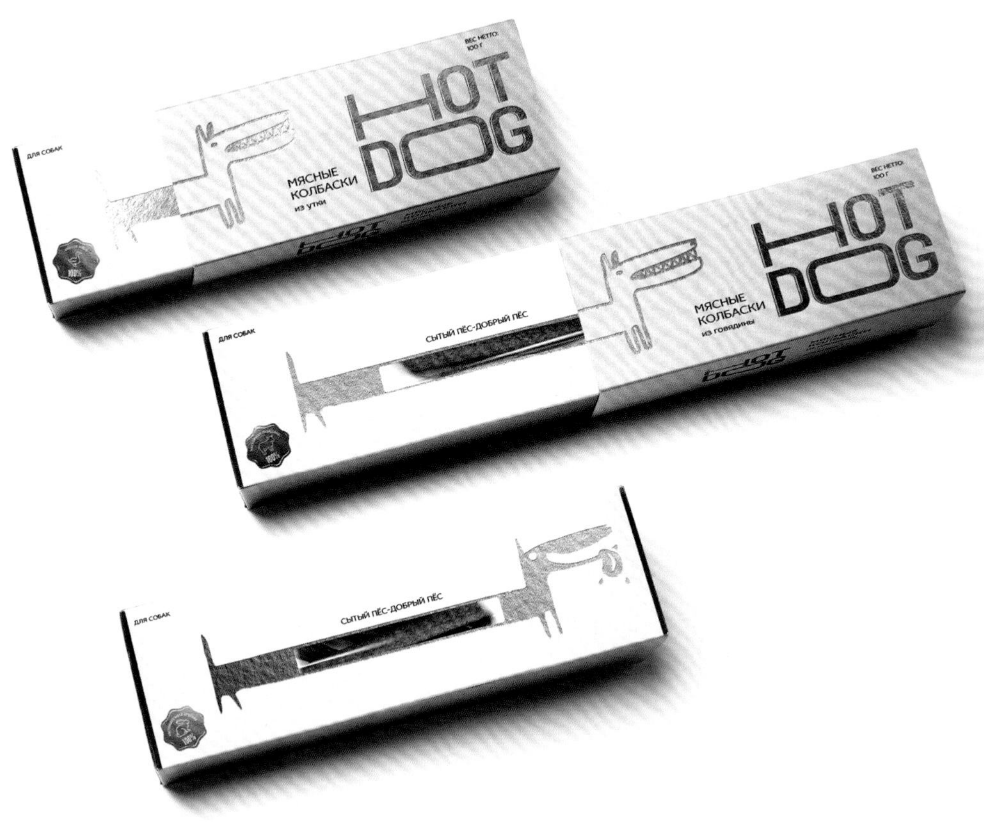

热狗 (HOT DOG)

设计师：大卫 · 霍夫汉尼斯扬
国家：俄罗斯

大卫为狗狗设计了热狗香肠的包装，这种包装比其他宠物食品要领先一步。包装向旁边滑开的时候，会出现一个超级开心的小狗，是一个可爱的腊肠犬形象。字体设计得好玩有趣，突出了品牌的个性。

热狗香肠包装的主角就是有趣的腊肠犬。当外包装逐渐打开，包装上的腊肠犬的身体就会越来越长，您的狗狗吃的美味热狗香肠越多，它的快乐时光就会越久！

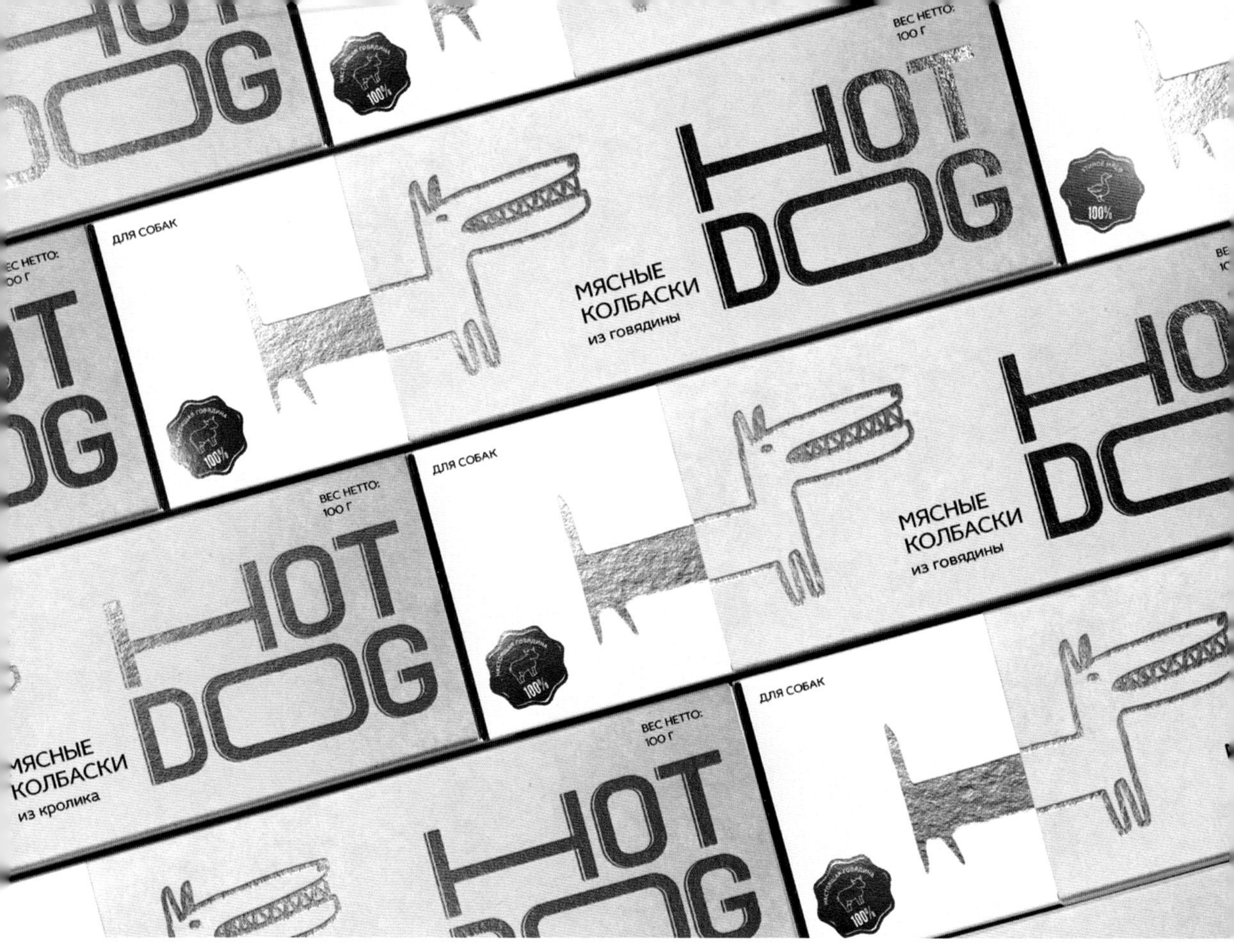

热狗

设计师：大卫 · 霍夫汉尼斯扬
国家：俄罗斯

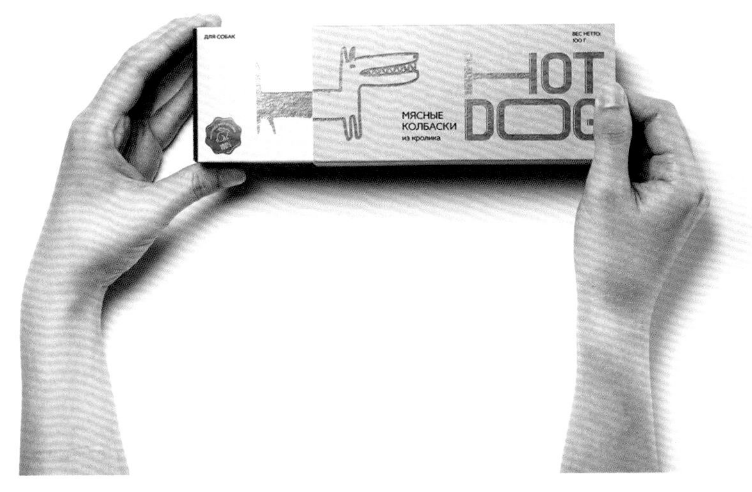
МЯСНЫЕ
КОЛБАСКИ
из кролика

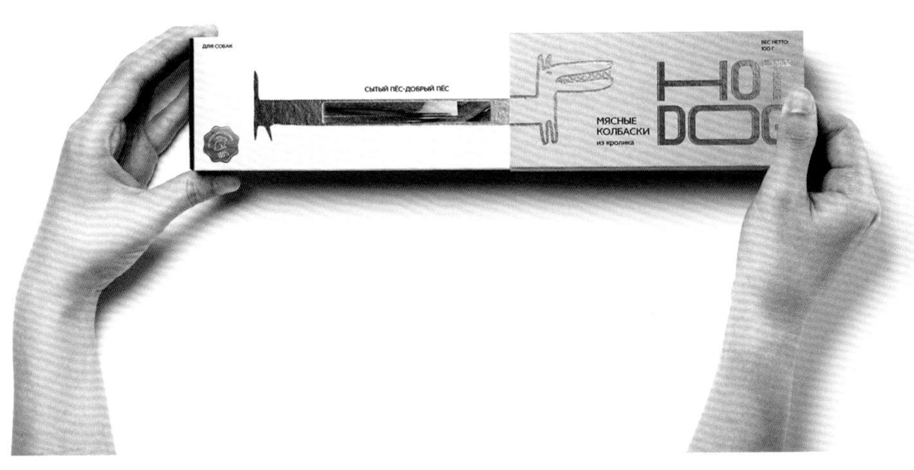
СЫТЫЙ ПЁС-ДОБРЫЙ ПЁС
МЯСНЫЕ
КОЛБАСКИ
из кролика

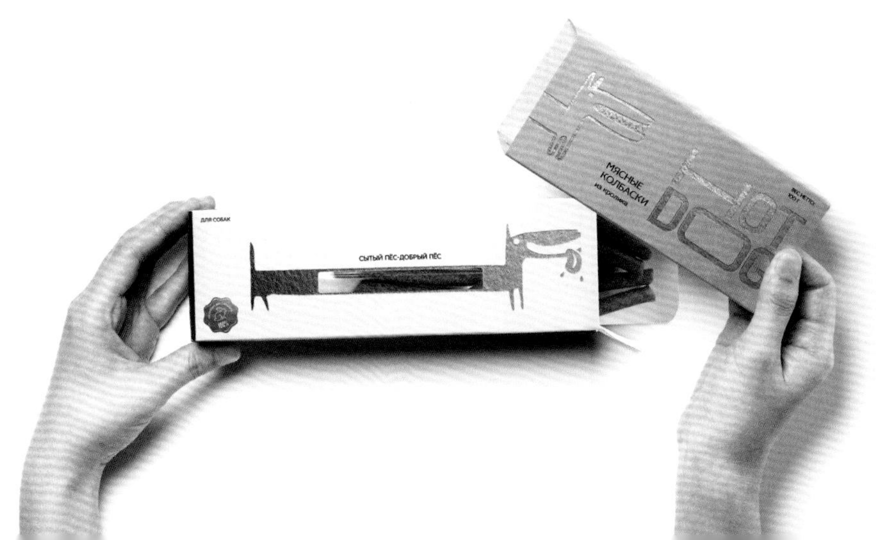
СЫТЫЙ ПЁС-ДОБРЫЙ ПЁС
МЯСНЫЕ
КОЛБАСКИ
из кролика

鱼粒 (FISH PELLET)

设计师：杨雅茹
国家：中国

市面上大多鱼饲料包装形式单一且无法重复利用，希望透过改造赋予鱼饲料包装独特性与价值。设计灵感来源于水族馆世界，材质使用水泥与亚克力，呈现水中岩石与水的清透之感。改变传统饲料包装一次即丢的形式，让鱼饲料罐不仅可以多次补充使用，也能成为家中摆设的精致工艺品。在喂鱼的同时，随着使用时间增加，鱼饲料减少，罐中的珊瑚便会渐渐显露，让每一次喂鱼的过程都能带来小小惊喜。

鱼粒

设计师：杨雅茹
国家：中国

HEALTHY
FOOD
ЗДОРОВАЯ
ГАСТРОНОМИЧЕСКИЙ
ФИТНЕС
ЕДА
МОРКОВЬ
1KG

ПОМИДОРЫ ЧЕРРИ
ЗДОРОВАЯ
ЕДА
ГАСТРОНОМИЧЕСКИЙ
ФИТНЕС
HEALTHY
FOOD

美食健身 (Gastronomy fitness)

设计师：大卫 · 霍夫汉尼斯扬、
维塞沃洛德 · 阿布拉莫夫
国家：俄罗斯

包装上的“健康食品”字样是为了特别强调蔬菜对身体的好处。蔬菜会像健身课一样让你的身体充满能量。吃蔬菜——变得更强壮！

PLAY CITY
2002

KAR
TING
#playcity
1-7 circle
1500 AMD
8-49 circle
1250 AMD
50 and more circles
1000 AMD
NAREK
MARTIROSYAN
Marketing Executive

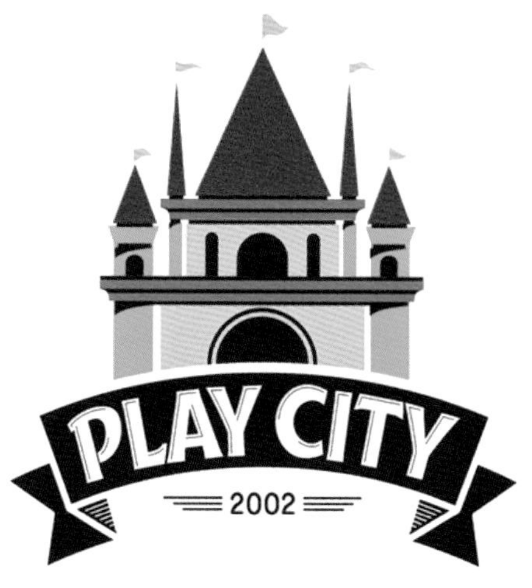

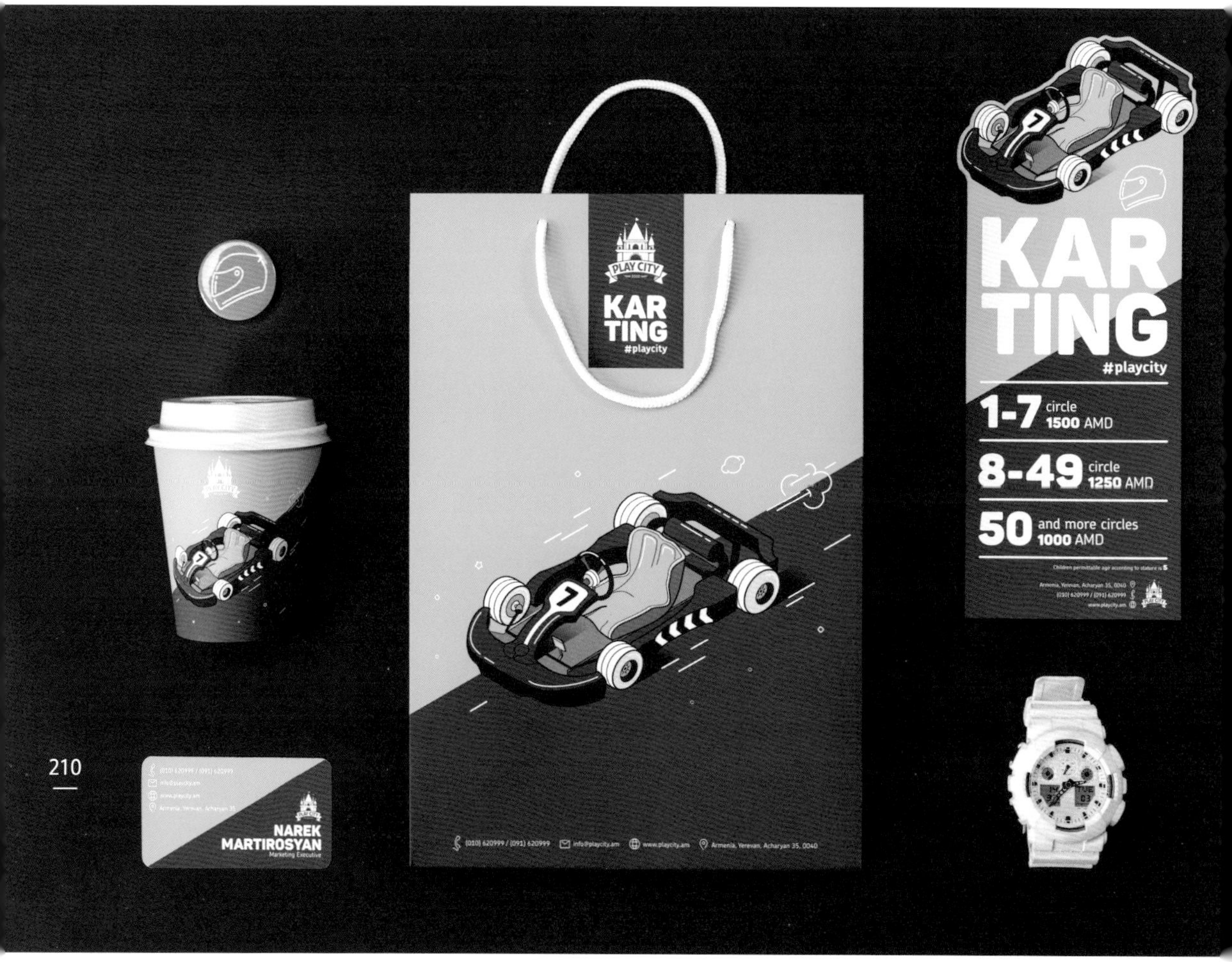

玩乐城市 (Play City)

设计机构：骨干品牌
设计师：卡伦·格沃严
艺术总监：斯蒂芬·阿扎里扬
国家：亚美尼亚
摄影：骨干品牌

在对玩乐城市的重新设计中，我们面临的挑战是创造有吸引力的新身份和新标识，并展示品牌活力。
我们主要是想在等距空间中实现图标的可视化，通过涂鸦来表达动态的感觉。海报中人物形象与图形元素的结合，体现了现实世界与游戏世界的联系。我们给每款产品都设计了独特的颜色，你每享受一次新的服务，就会得到一个新的色卡。

PLAY CITY
FAST
FOOD
#playcity
PLAY CITY
JUICE &
DONUTS
#playcity

FAST
FOOD
#playcity

PLAY CITY
GAME
MACHINES
#playcity
FAST
FOOD

玩乐城市

设计机构：骨干品牌
设计师：卡伦 · 格沃严
艺术总监：斯蒂芬 · 阿扎里扬
国家：亚美尼亚
摄影：骨干品牌

和比萨 (& pizza) 是华盛顿的一家连锁餐厅，以其制作的精美比萨和乐于回馈社会而闻名。他们正在改变传统的比萨销售方式，并尝试以各种可能的方式进行业务转型。我们的任务是设计一系列能展现和比萨愿景的盒子。他们推崇和拥抱个性，这也使得我们有绝对的设计自由，并且最终想出了这个包装方案。每个比萨盒都有自己的设计灵感——从美国乡村主题到街头艺术。我们甚至还设计了属于自己的“富图拉”主题比萨盒。和比萨也自己制作苏打水和茶，为顾客提供全新的产品系列。我们为 5 种口味的苏打水、精心制作的茶和酒进行了品牌设计。每个设计都有相同的目的：让它们看起来像一个整体，但每一个又截然不同。

和比萨

设计机构：富图拉
国家：墨西哥

和比萨

设计机构：富图拉
国家：墨西哥

WHATEVER YOU ARE BE A GOOD ONE.
BROOKLAND
STAY TUNED
CHARITY
CHARITY
CHARITY
LIFE
LIFE

&pizza

和比萨

设计机构：富图拉
国家：墨西哥

&
GINGER BERRY
LEMONADE
200 ML
&
GINGER BERRY
LEMONADE
200 ML

RED
WINE
&
14.4% ALC. VOL.
750 ML
WHITE
WINE
&

和比萨

设计机构：富图拉
国家：墨西哥

马伊卡 (Majka)

设计机构：富图拉
国家：墨西哥
摄影：罗德里戈 · 查帕

马伊卡是一个专供母乳喂养妈妈食用的蛋白质品牌。今天的妈妈们比以往任何时候都更加关注自己吃了什么，她们会选择值得信赖的公司购买产品，因此我们设计了一个利于推广的友好品牌。

我们结合在自然界中可以找到的元素设计了图标，它代表着快乐、美丽和成长，也表示产品中含有有机成分。我们设计了一种款式，灵感来源于母乳喂养和恢复过程中所需的维生素。

MAJKA
lactation
482.82G
VANILLA
DIETARY SUPPLEMENT
MAJKA
482.82G
CHOCOLATE
DIETARY SUPPLEMENT

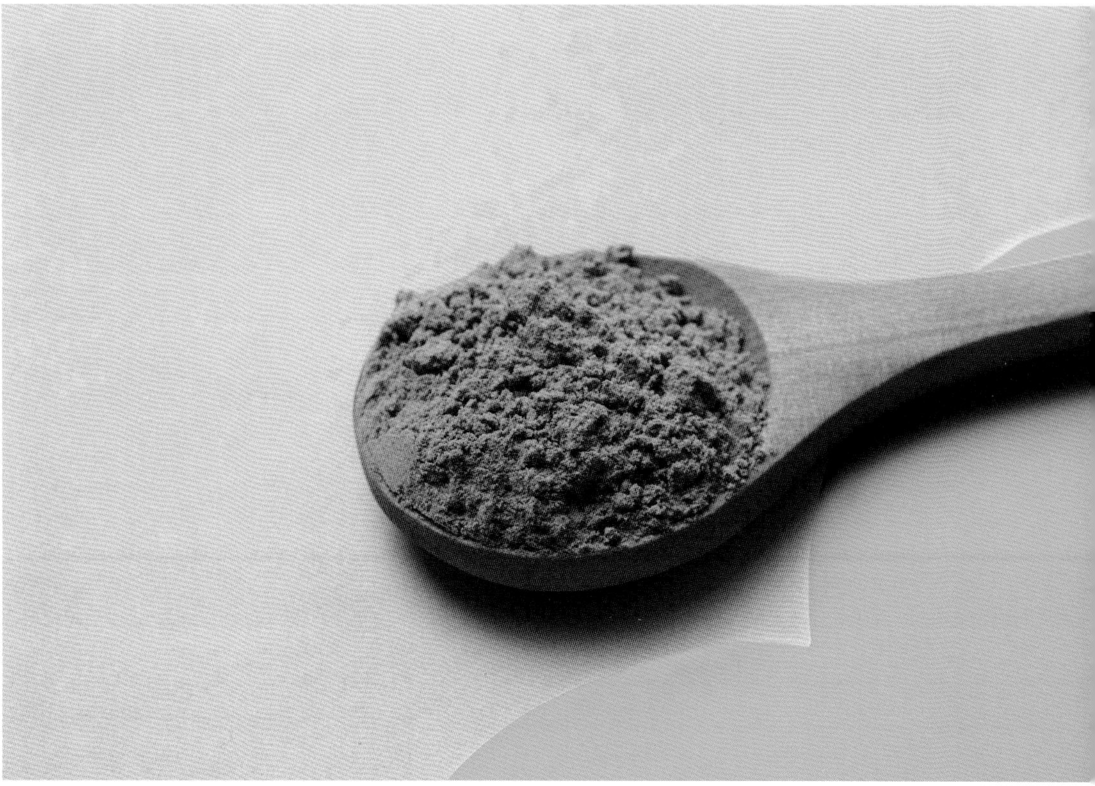

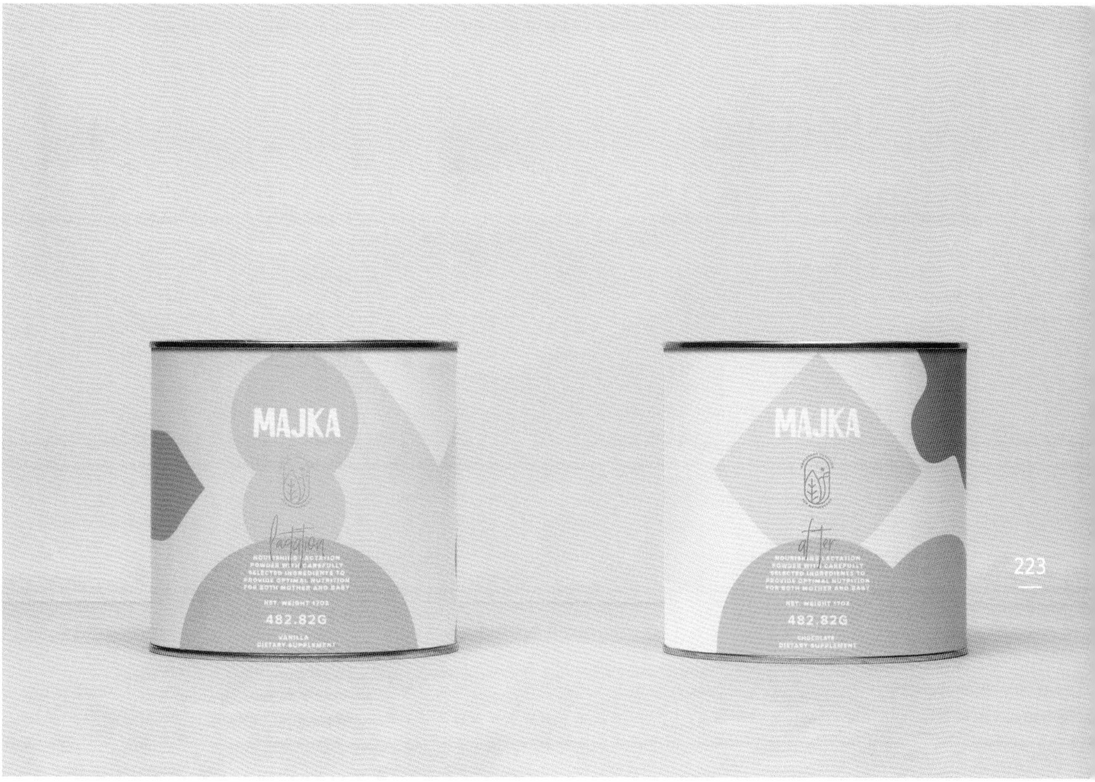

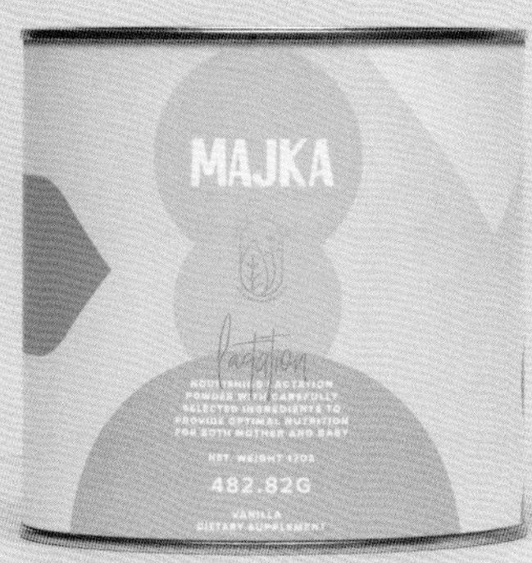

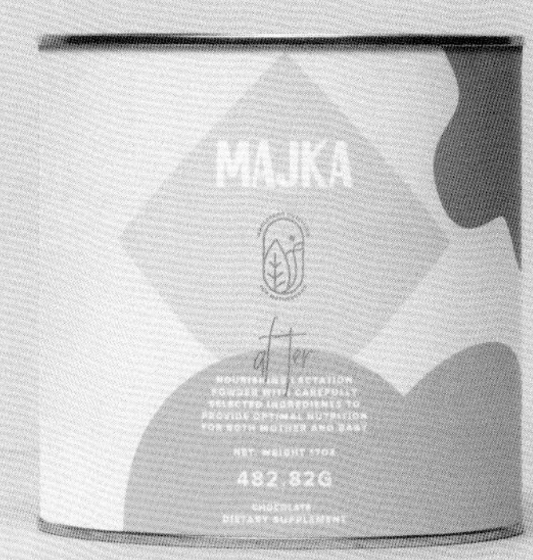

马伊卡

设计机构：富图拉
国家：墨西哥
摄影：罗德里戈 · 查帕

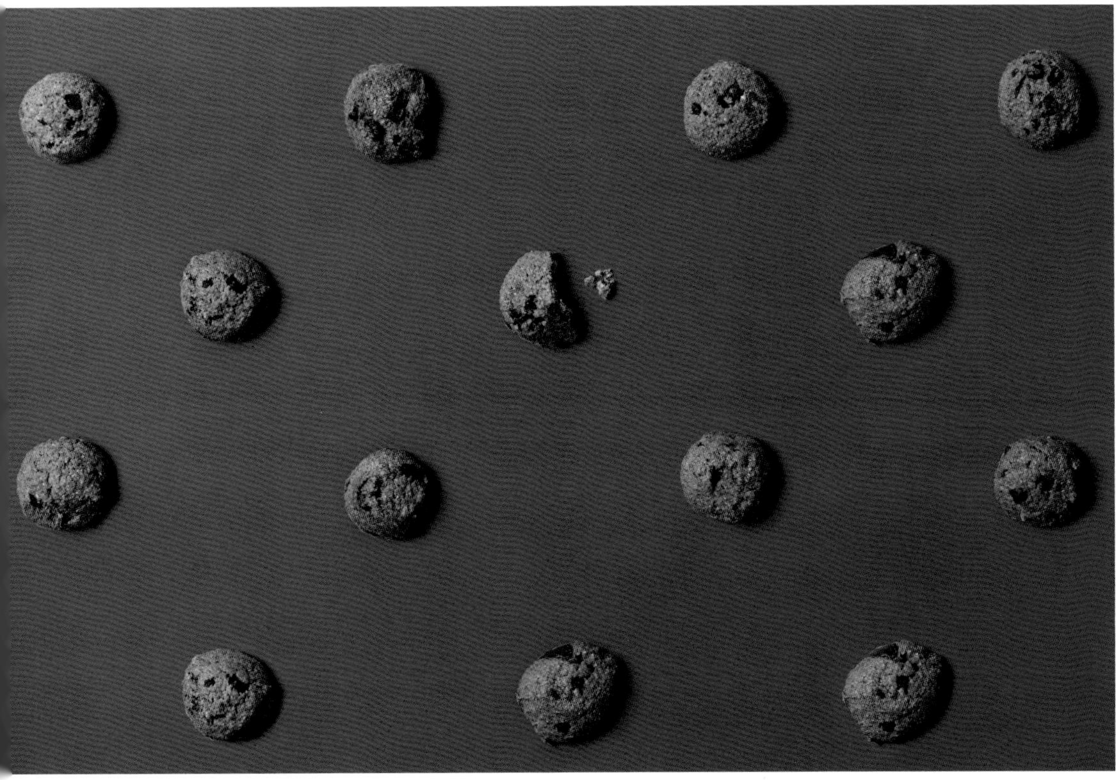

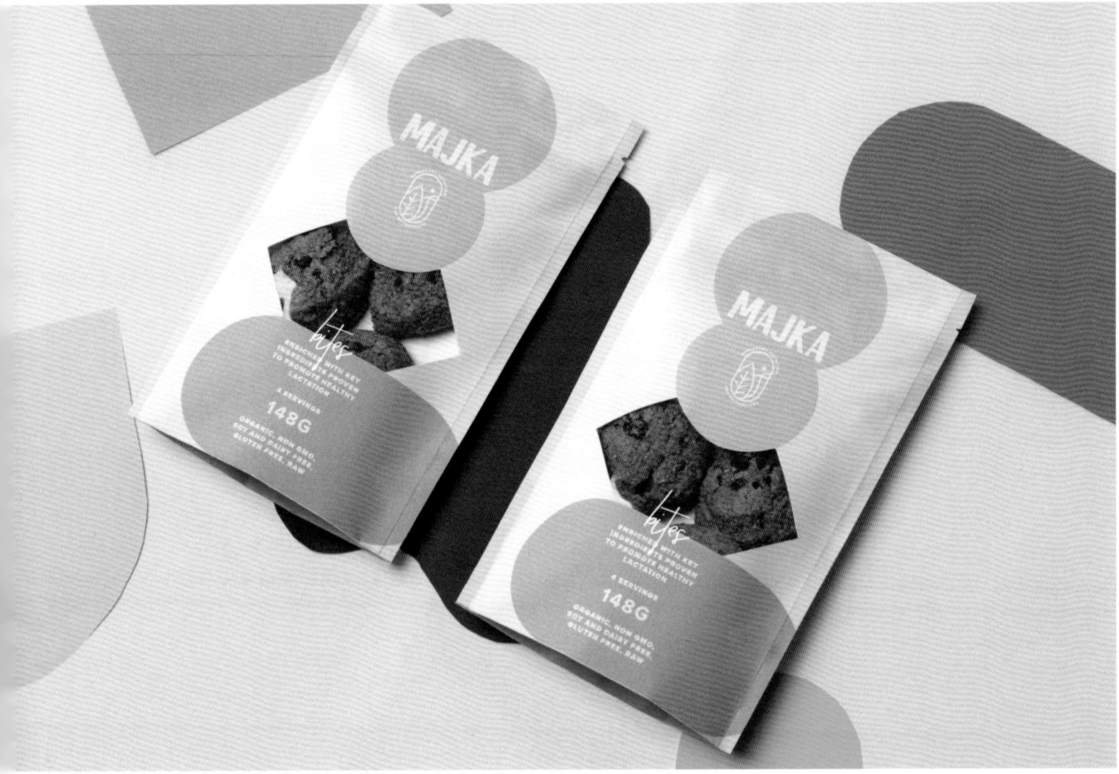
MAJKA
bites
ENRICHED WITH KEY INGREDIENTS PROVEN TO PROMOTE HEALTHY LACTATION
4 SERVINGS
148G
ORGANIC, NON GMO, SOY AND DAIRY FREE, GLUTEN FREE, RAW

马伊卡

设计机构：富图拉
国家：墨西哥
摄影：罗德里戈 · 查帕

WHOLESOME NUTRITION FOR MOTHERHOOD
MAJKA
thanks for buying!
CALL US
SAN DIEGO
WWW.MAJKA.COM

MENÚ
HELADERÍA SINGULAR

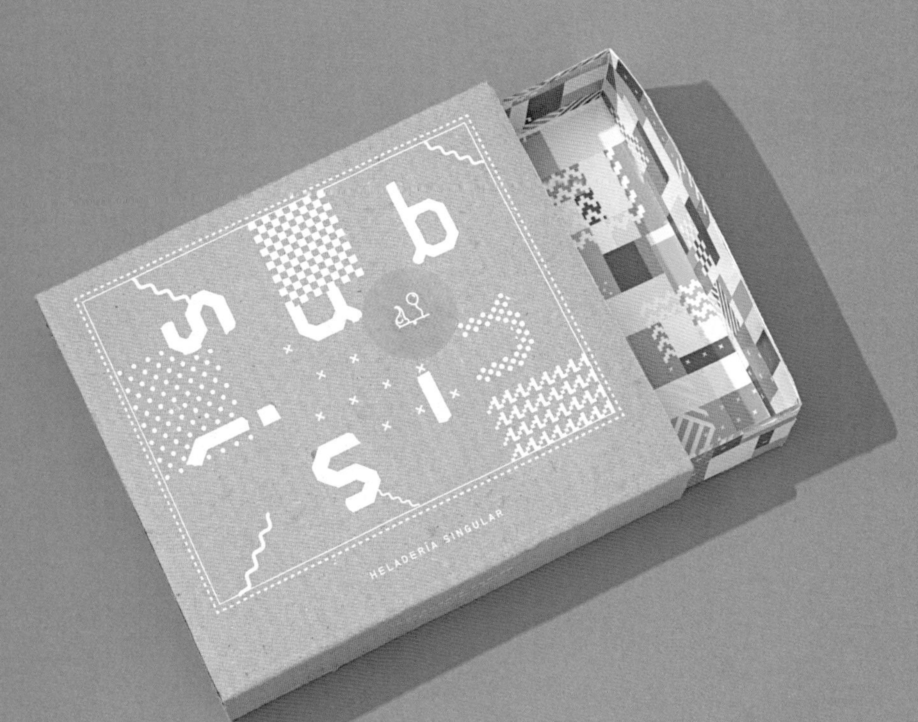
HELADERÍA SINGULAR

苏比苏 (Subisú)

设计机构：富图拉
国家：墨西哥
摄影：卡罗加

苏比苏是一个冰激凌和雪糕品牌。苏比苏品牌的设计灵感，来自孩子们永不消逝的渴望。图形设计的灵感来自孩子们的天真，他们仍然相信不可能发生的事情。

品牌的名字结合了两个想法，一方面它源于一首甜美的法国歌曲，这首曲子一直重复唱着“比苏比苏”（“Bisou Bisou”在法语里指在脸颊上的亲吻），另一方面，它也是一个文字游戏，在“跷跷板”这个单词中，我们的主角苏比 (Subi) 在玩气球。纹理、颜色和材料共同讲述了一个墨西哥手工制品的故事。

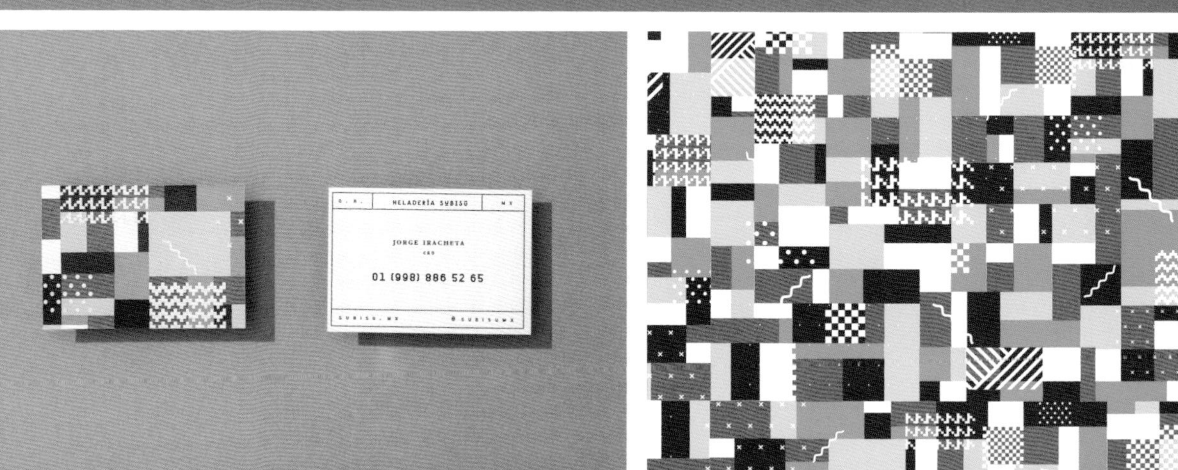
HELADERÍA SUBISO
MX
JORGE IRACHETA
01 (998) 886 52 65

230

MENŪ
COCO
PIÑA
MARACUYÁ
MANGO
MELÓN
GROSELLA
FRESA
UVA
SANDÍA
GUANABANA
LIMÓN
HELADERÍA SUBISO

苏比苏

设计机构：富图拉
国家：墨西哥
摄影：卡罗加

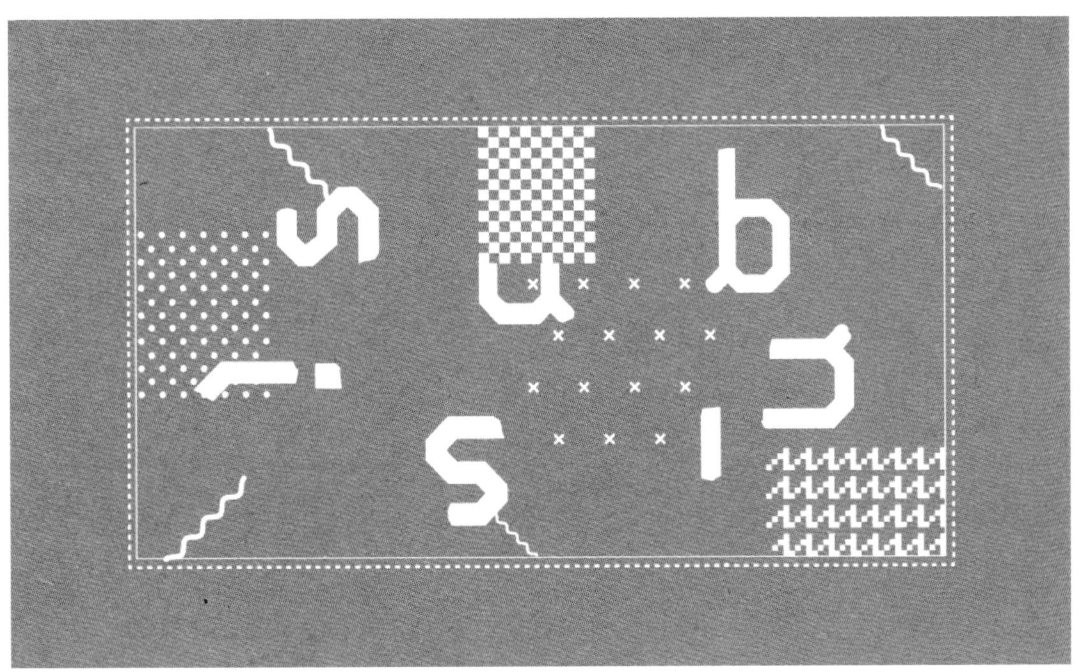

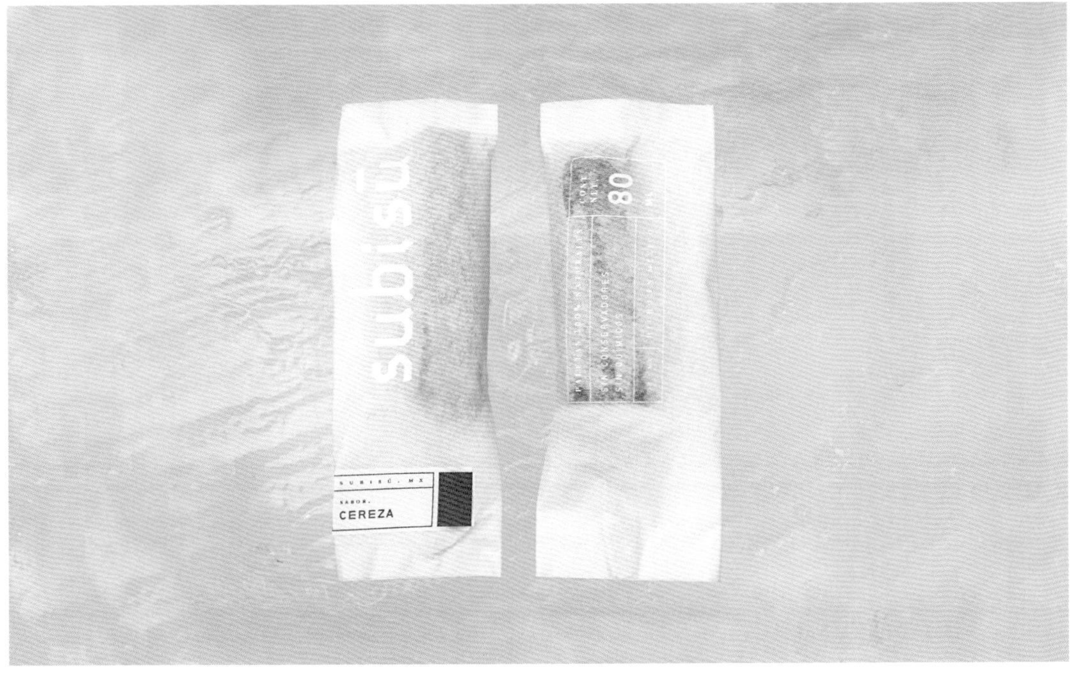

RAINY SEASONS ESTD 2017

雨季 (Rainy Seasons)

设计师：帕夫拉·丘基纳 (Pavla Chuykina)
国家：俄罗斯
摄影：尤里·奥列什科 (Yuri Oleshko)
国家：乌克兰
客户：概念 (Concept)

降雨增加有利于农作物生长。常言道："燕子低飞，大雨将至。"如果你看到燕子，就把这把伞带上吧。

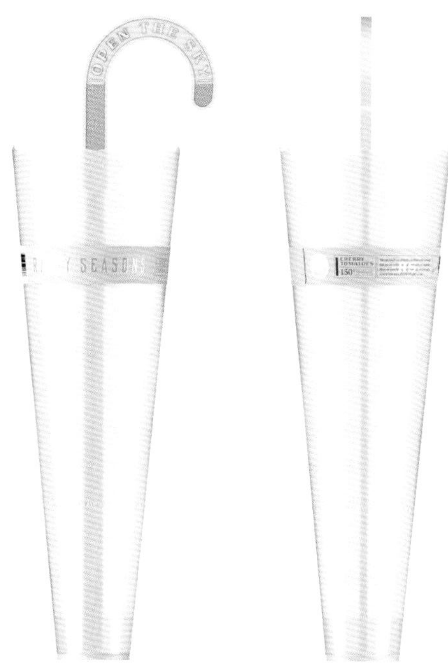

雨季

设计师: 帕夫拉·丘基纳
国家: 俄罗斯
摄影: 尤里·奥列什科
国家: 乌克兰
客户: 概念

5
CHERRY
TOMATOES
150

第一水果 (Daiichi Fruit)

设计师：松本晃司
设计机构：菲尔浩斯
国家：日本
客户：第一水果

这是日本一个拥有 60 年历史的高档水果品牌。商标标识的灵感来自水果的象形文字，这种文字是汉字的起源。顶部的三个圆圈象征着果实，底部是茎和根。这个设计也能让我们想起日本武士的家族徽章，以呼应品牌的悠久历史。传统的家庭签名和印章也进行了重新设计，构造简单，配色清雅。这些设计都力图重塑品牌，集中展现这家老店的高品质和精致感。包装布与日本文化有关，礼品盒的灵感也来自日本木盒，这些设计巧妙地与传统元素相融合，有利于吸引新的顾客。

www.daiichifruit.com
www.daiichifruit.com

だいいち
フルーツ
Daiichi
Fruit
www.daiichifruit.com

第一水果

设计师：松本晃司
设计机构：菲尔浩斯
国家：日本
客户：第一水果

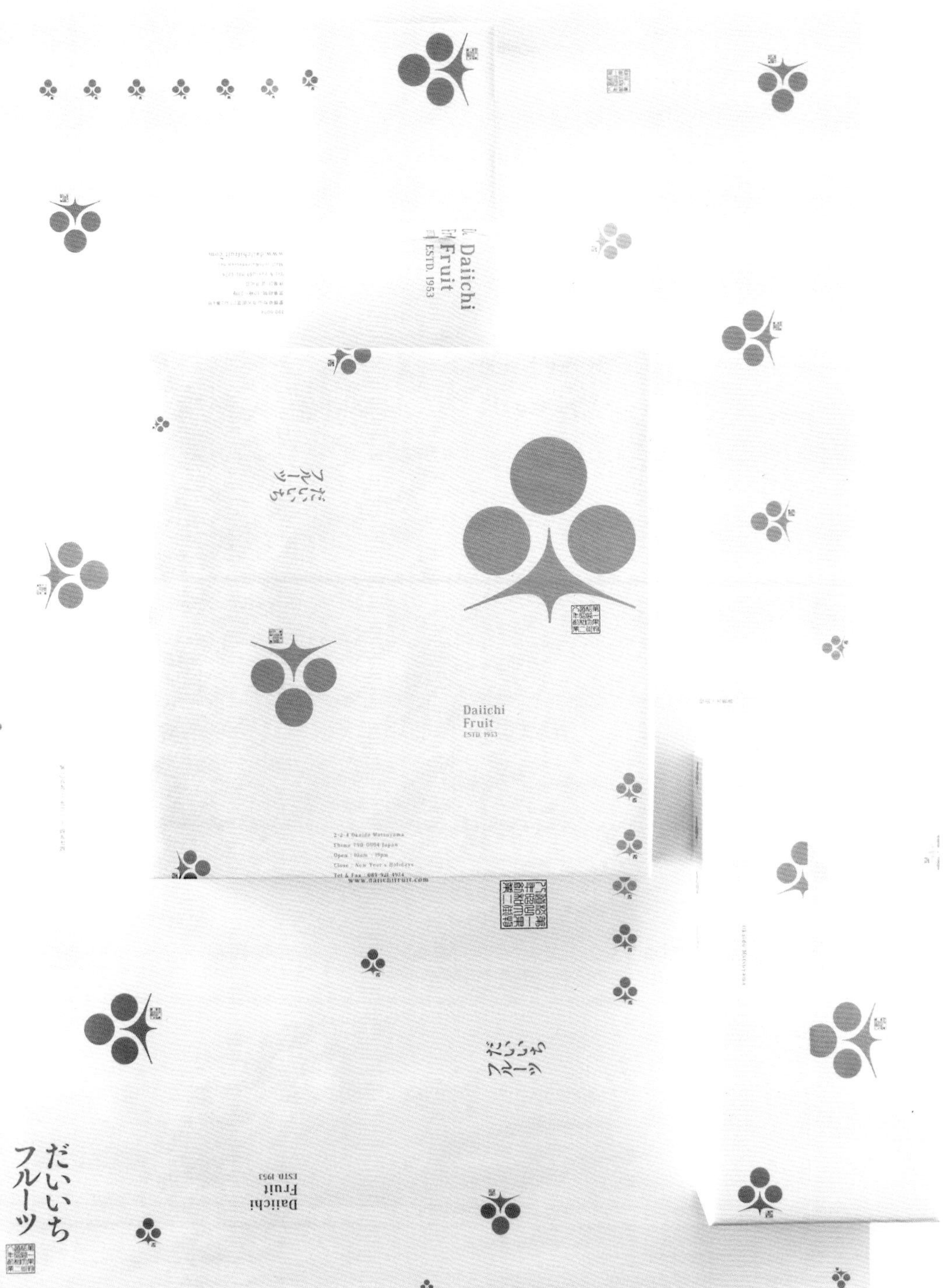
Daiichi
Fruit
ESTD 1953
だいいち
フルーツ

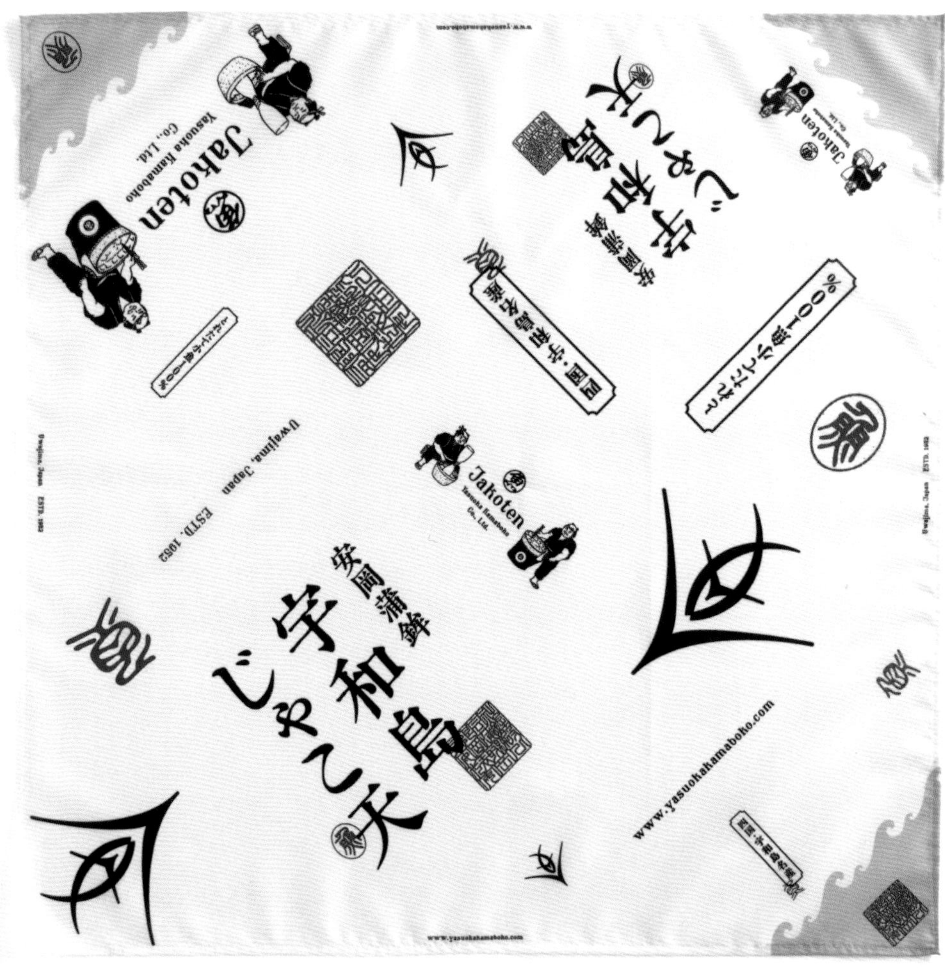

安冈蒲鉾 / 杂鱼天妇罗 (Yasuoka Kamaboko Jakoten)

设计师：松本晃司
设计机构：菲尔浩斯
国家：日本
客户：宇和岛市安冈蒲鉾

这次要重塑日本一个有 65 年历史的鱼糕公司品牌。客户是一家著名的本土公司，这家公司在历史上没有标志性的商标品牌，希望能在其成立 65 周年之际重塑品牌。重塑的挑战在于要在年轻人中提高知名度、拓展海外市场并突显其悠久的历史。

由于公司名的第一个汉字很像鱼，所以商标也设计成鱼的样子，突出了公司的产品营养丰富。内包装上面的波浪图案代表鱼产自优良渔场。考虑到公司的悠久历史，使用了代表日本传统文化的包装布。重塑品牌吸引了新的客户，扩大了销售渠道，增加了销售额。

Jakoten
Yasuoka Kamaboko
Co., Ltd.

四国・宇和島名産
安岡蒲鉾
宇和島
じゃこ天
とれたて小魚100%
二十枚入
Jakoten
Yasuoka Kamaboko
Co., Ltd.
suokakamaboko.com

安岡蒲鉾
宇和島
じゃこ天
三枚入
Jakoten

安岡蒲鉾
宇和島
じゃこ天
五枚入
Jakoten

安岡蒲鉾
宇和島
じゃこ天
三枚入
Jakoten

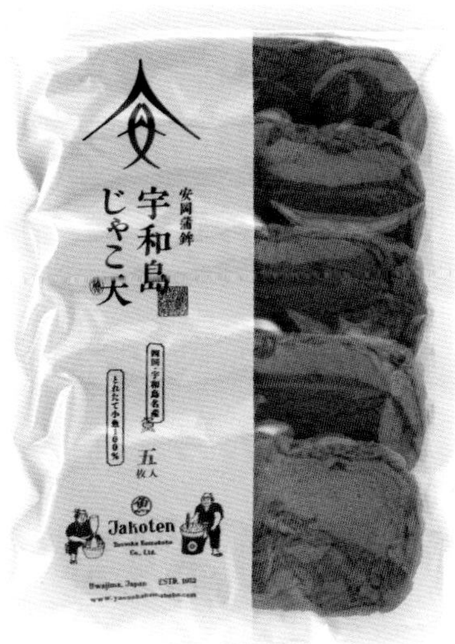
安岡蒲鉾
宇和島
じゃこ天
五枚入
Jakoten

安冈蒲鉾 / 杂鱼天妇罗

设计师：松本晃司
设计机构：菲尔浩斯
国家：日本
客户：宇和岛市安冈蒲鉾

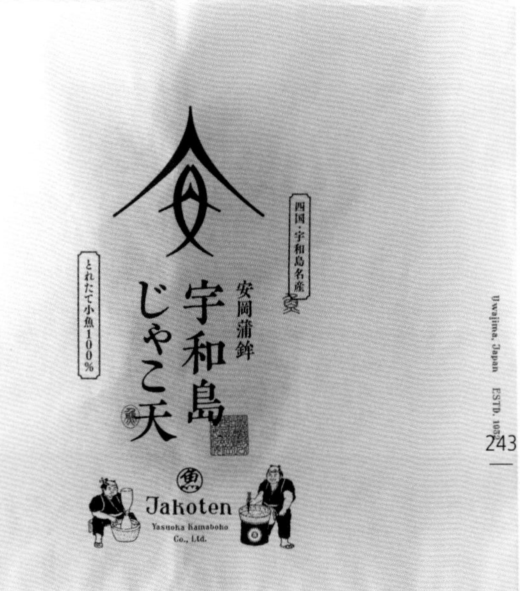

米塔门托 (Meatamento)

设计师：赫拉姆佐夫 · 伊戈尔 (Khramtsov Igor)
设计机构：戈尔多斯特 (Gordost)
国家：俄罗斯

不同风味的艺术激发了设计师的灵感。烟熏肉包装上的邮戳和叶子图案，创造了优雅和高贵的产品风格。叶子的一半看似烟灰，黑白相间的色调是为了对烟熏技术致敬。凑近了看，叶子的纹理很像熏肉的纤维，从包装口可以看到黑白图片和熏肉鲜明的对比。

这种简单的设计让它摆在货架上看起来更有分量，生动形象反而引人眼球。叶子的整体形象通过优雅的版式和浮雕式的设计得到了加强，这让那些钟爱美食并且喜欢收藏世界各地不同风味美食的人大饱眼福。

meatamento.

speck alto adige

smoked aroma based on oak wood chips

100 gr

meatamento.

coppa stagio

smoked aroma b

on alder wood

meatamento.

HERE TO REMIND YOU THE FINEST

prosciutto crudo

smoked aroma based on cherry wood chips

100 gr

etta piacentina

100 gr

meatamento.

HERE TO REMIND YOU THE FINEST

肉 (Meat)

设计师：豪尔赫·奥古斯托·佩雷斯
设计机构：拉·博特工作室
国家：西班牙
创意总监：豪尔赫·奥古斯托·佩雷斯
艺术总监：安东尼奥·科内乔
摄影：阿尔贝托·奇·普拉斯
客户：德塞德里奥 – 卡恩斯·塞勒科塔斯 (Desiderio – Carnes Selectas)

我们的客户希望能为这款优质冷冻肉设计一个新的包装，让消费者知道这款冷冻肉和新鲜肉的口感一样好。

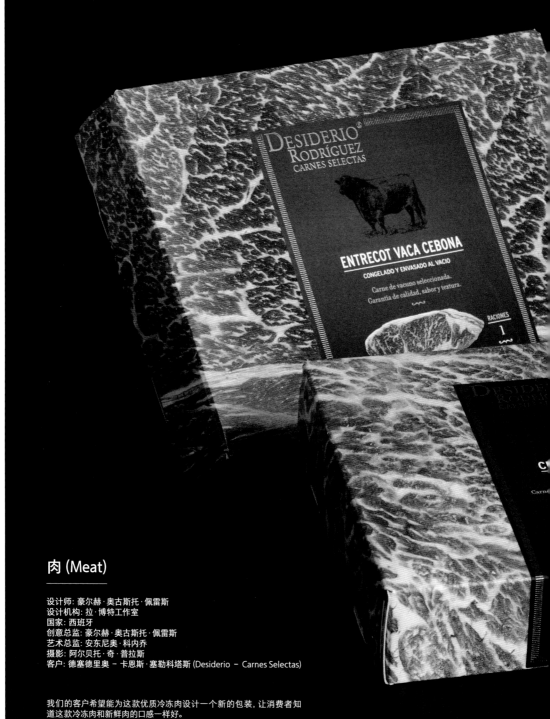

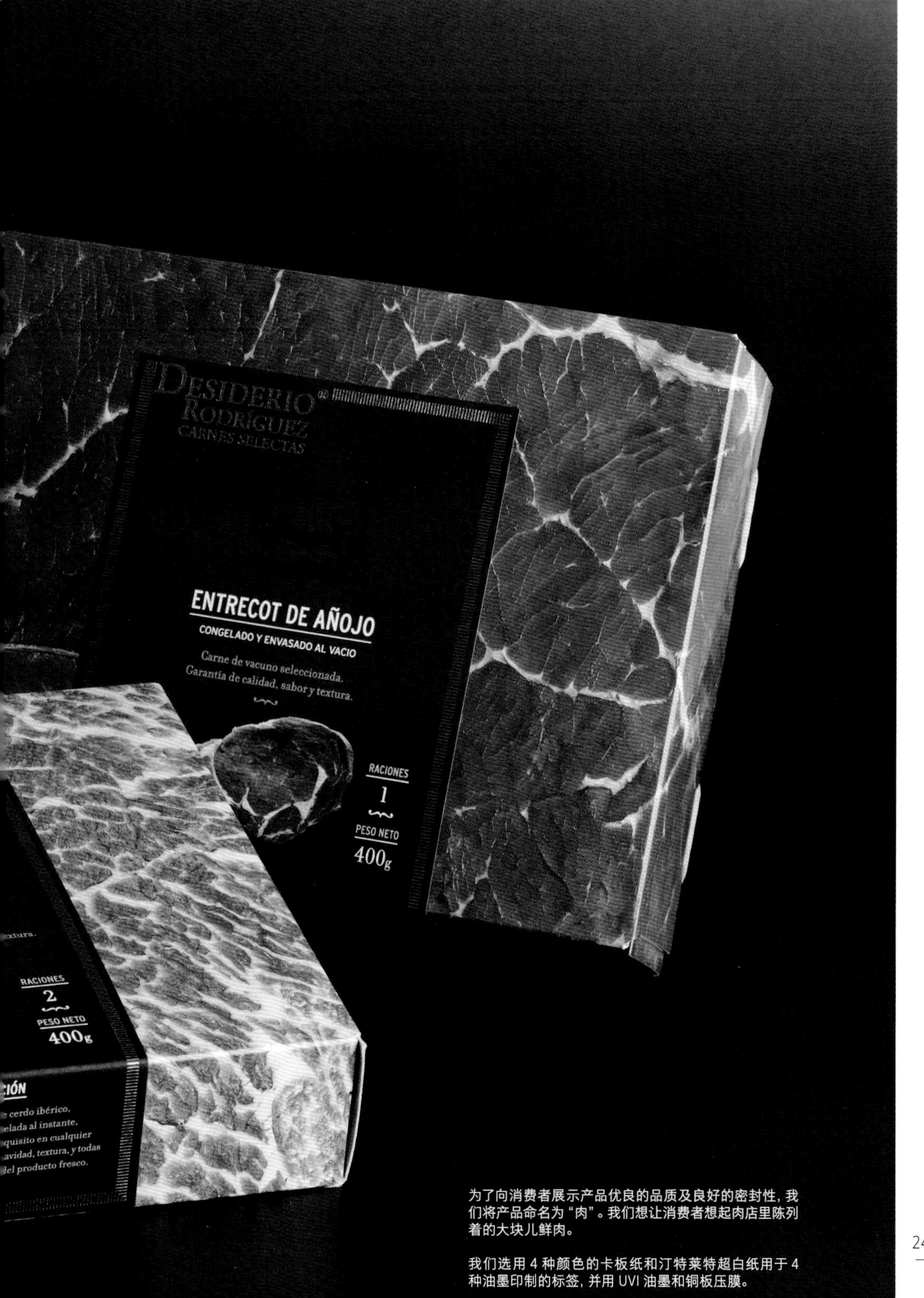

为了向消费者展示产品优良的品质及良好的密封性，我们将产品命名为“肉”。我们想让消费者想起肉店里陈列着的大块儿鲜肉。

我们选用 4 种颜色的卡板纸和汀特莱特超白纸用于 4 种油墨印制的标签，并用 UVI 油墨和铜板压膜。

鲫鱼寿司 (Funazushi)

设计师：冰川川司（河原氷河）
设计机构：南政宏设计
国家：日本
创意总监：南政宏
客户：木村水产株式会社 (Kimura Suisan Co., Ltd.)

这是日本滋贺县的传统食品鲫鱼寿司的包装设计。包装袋上有折叠网格，装进鲫鱼寿司网格就会被撑开。包装上面有镂空手柄，在手柄内侧贴上一个封条来完成密封。

包装外形看起来就像鱼网和鱼鳞，顶部的手柄像鱼鳍。整体设计看起来非常优雅，鲫鱼寿司就像是飘浮在真空中。

ふなずし
きむら

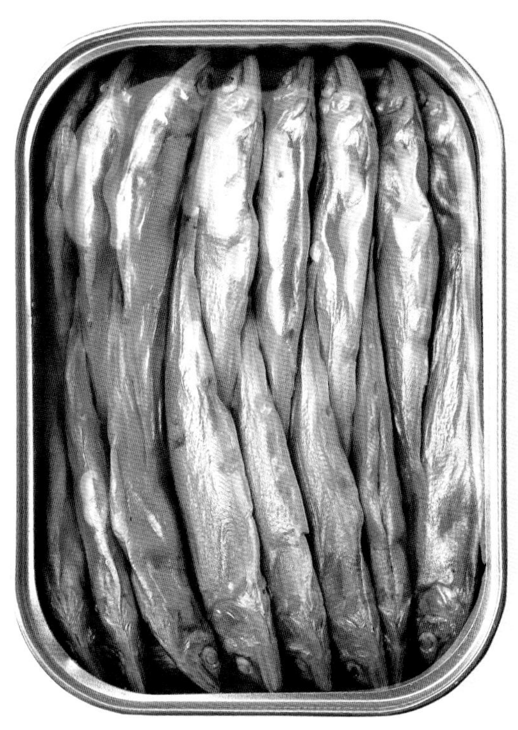

THE OIL PACKED AYU ARE GOOD TASTE
琵琶湖産
小あゆ
オイル漬け
きむら
THE BEST QUALITY OIL PACKED AYU IN JAPAN

香鱼油罐头 (Oil-Canned Ayu)

设计师：南政宏
设计机构：南政宏设计
国家：日本
创意总监：南政宏
客户：木村水产株式会社

这是一款高档包装的小香鱼罐头。这种鱼在日本的琵琶湖才能捕捉到，其他湖泊里的香鱼体积都很大，只有琵琶湖的香鱼才这么小。本产品是一种罕见的浸在油里的小香鱼，也是日本近江精机地区的人们最喜欢的本地特产。

罐头的颜色是金色的，所以我设计了与之配套的金色外套，上面有一个开孔，透过开孔可以看到里面的小鱼。这些鱼是在纸上印刷的，其光滑的聚丙烯涂层给人一种油油的感觉。罐头底部的外套切开了一个鱼的形状，显示了罐头的保质期。

香鱼油罐头

设计师：南政宏
设计机构：南政宏设计
国家：日本
创意总监：南政宏
客户：木村水产株式会社

小あゆ

农丰
品番
有年
鱼年

农丰
品番
有年
鱼年

年年有鱼 (Fish&Rice)

设计机构：融设计 (RONG Design)
国家：中国
创意总监：孙立
客户：风番农场

风番是一个年轻的品牌，致力于提供本土有机农产品，并将传统乡村文化传播到城市。

文化、再利用和便携性是这款 10 千克大米包装设计的关键词。一体式袋子的设计突显了双鱼的形状，将袋子置于两侧不仅可以拎取，也可以肩背，重量得到平衡，满足了轻巧舒适的需要，便于携带。

芝乐比萨 (Pizza Shigaraki)

设计师：南政宏
设计机构：南政宏设计
国家：日本
创意总监：诺太太郎（のとろ）
艺术指导：南政宏
客户：天平株式会社

这是糯米做的米粉比萨的包装设计。这款当地比萨是由产自日本滋贺县的糯米制成的，滋贺县是有名的水稻种植乡。这款手工制作的比萨是椭圆形的，盒子外面是一个稻米形状的窗框，将窗框翻开，它就会变成一颗稻米粒。我们选择了日本粳米的形状，这种大米因其口感松软而又富有弹性在日本广为人知。

在包装上，我们在里面用了深绿色的纸，外面用了纯白色的。深绿色的那一面，我们设计了高显色的银色印花。将包装打开翻过来，就可以看到里面都是美丽的绿色。

Pizza Shigaraki

芝乐比萨

设计师：南政宏
设计机构：南政宏设计
国家：日本
创意总监：诺太太郎
艺术指导：南政宏
客户：天平株式会社

福禄菜籽油 (Fu Lu oil)

设计机构：融设计
国家：中国
创意总监：孙立
摄影：丁旭航
客户：风番农场

本设计旨在通过利用传统文化的精髓，创造出独具特色而又别具内涵的现代美学风格的包装。葫芦在汉语中是“福禄”的谐音，被赋予了吉祥和丰裕的深刻内涵。葫芦象征着坚守传统、尊重自然的品牌理念。瓶子的曲线也完美地实现了便携的功能。

整体造型具有鲜明的传统色彩，但在表现形式和细节处理上又具有现代时尚感，这种视觉风格与该品牌现代年轻的定位相呼应。连接瓶口的皮革手柄使携带更加方便，更重要的是它作为最后的点睛之笔，使整体造型更为丰满，气质更为端庄。

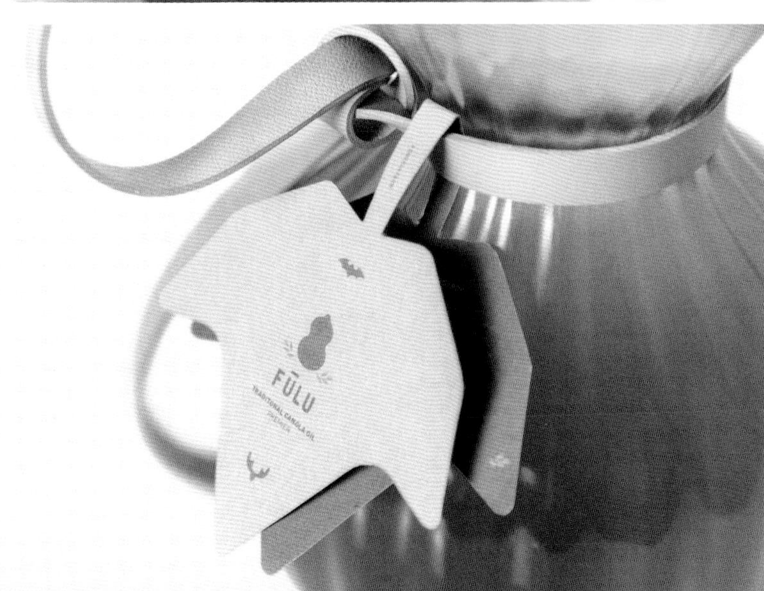

哈马迪芝麻酱 (Hamadi Tahini)

设计师：塔利 · 泰珀 (Tali Teper)
设计机构：贝扎勒艺术与设计学院
国家：以色列
摄影：塔利 · 泰珀
指导：阿德莱 · 斯托克 (Adlai Stock)

芝麻酱是一种由生芝麻制成的调味品，其稠度类似于花生酱。“哈马迪”在埃及语中就是芝麻酱的意本次包装的设计理念来自古埃及传统的卡诺皮克罐 (canopic)。在制作木乃伊的过程中，这些罐子来储存主人的内脏，以备来世之用。我为本次 3 种不同口味的芝麻酱，设计了 3 个不同的卡诺皮克罐

第一种是生芝麻酱，即没有经过任何加工的纯芝麻，罐子设计成人头神伊姆塞蒂 (Imseti) 的样子。古埃及，这种罐子是装肝脏用的。生芝麻中富含钙和蛋白质，对肝脏有益。

第二种是加了香菜的芝麻酱，罐子设计成胡狼头神杜米特夫 (Duamutef) 的样子。在古埃及，这种是装胃的，而香菜有助于消化。

第三种是由全芝麻子做成的芝麻酱，罐子设计成猎鹰头神吉卜赛努夫 (Qebehsenuef) 的样子。在古埃这种罐子被用来装肠子。全芝麻酱富含钙等矿物质，有助于预防肠道疾病。

罐子上的工艺包装纸和绳子，意在增加开罐时的仪式感。名字“哈马迪”和其他细节都是用希伯来语写所有的材料都取材于可回收利用的包装纸和黏土。

אימסאטי
במיתולוגיה המצרית
אימסאטי הוא בנו של
הורוס אל המלחמה.
תפקידו הוא לשמור על
הכבד של הבעלים
בטקס חניטת המומיות.

דואמוטאף
במיתולוגיה המצרית
דואמוטאף הוא בנו של
הורוס אל המלחמה.
תפקידו הוא לשמור על
הקיבה של הבעלים
בטקס חניטת המומיות.

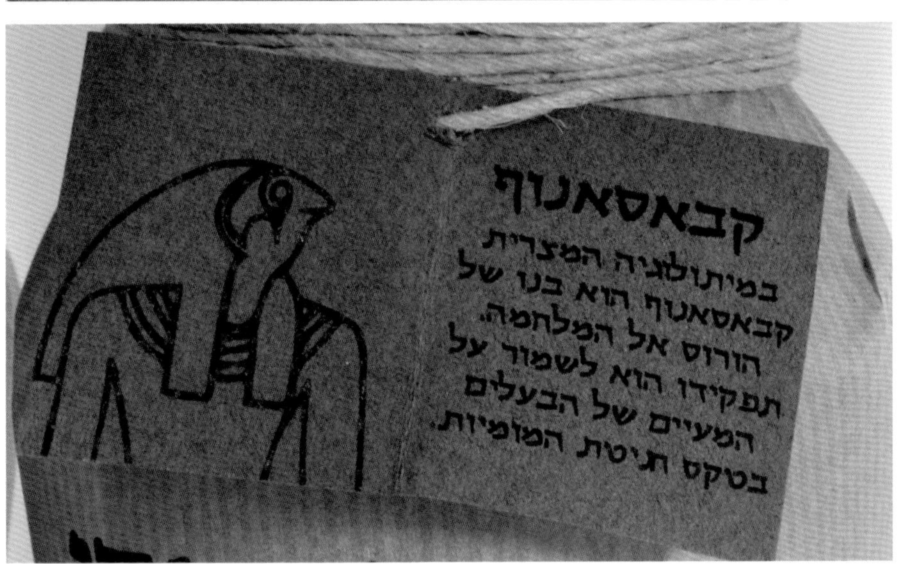
קבאסאנוף
במיתולוגיה המצרית
קבאסאנוף הוא בנו של
הורוס אל המלחמה.
תפקידו הוא לשמור על
המעיים של הבעלים
בטקס חניטת המומיות.

沃尔多·特罗姆勒油漆涂料
(Waldo Trommler Paints)

设计机构：雷诺兹和雷纳
设计师：阿尔乔姆·库利克
国家：乌克兰
联系人：亚历山大·安德烈耶夫
创意总监：亚历山大·安德烈耶夫、阿尔乔姆·库利克
客户：沃尔多·特罗姆勒油漆涂料

沃尔多·特罗姆勒油漆涂料是一家计划进入美国市场的芬兰小公司。他们认为进入市场的关键是独特的包装设计。“我们必须脱颖而出！”

首先，我们的设计方案要与沃尔多·特罗姆勒所有竞争对手的都不同；其次，我们要展示出公司的主要特点：友好、品质、创新。最终，我们以常见的设计元素为特色，根据产品不同的用途，将包装着色成各种不同的明亮色调。这不仅让沃尔多·特罗姆勒油漆涂料实现了其脱颖而出的目标，还把它塑造成了当今货架上最友好的油漆品牌。

WATERBORNE EXTERIOR
PAINT-FLATFINISH
9L
CADE

wtp

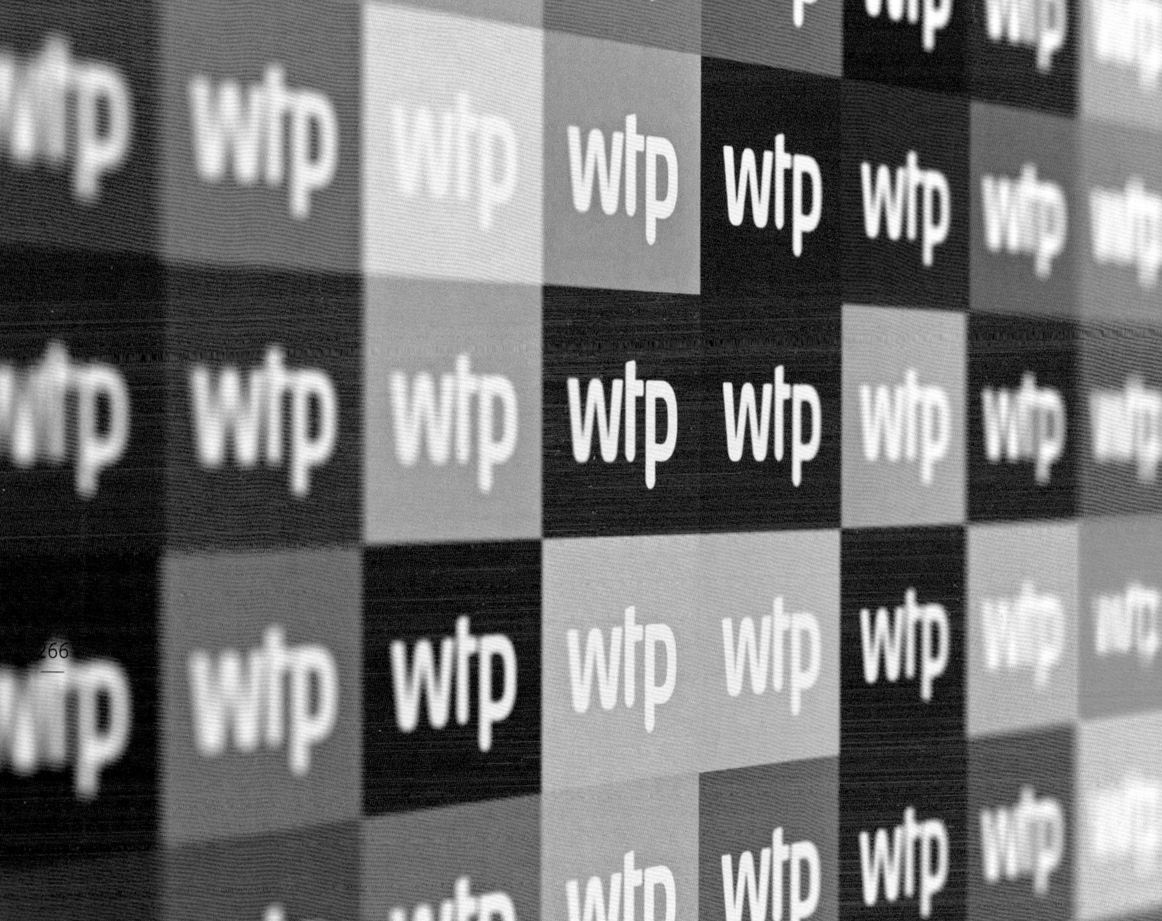

沃尔多·特罗姆勒油漆涂料

设计机构：雷诺兹和雷纳
设计师：阿尔乔姆·库利克
国家：乌克兰
联系人：亚历山大·安德烈耶夫
创意总监：亚历山大·安德烈耶夫、阿尔乔姆·库利克
客户：沃尔多·特罗姆勒油漆涂料

沃尔多 · 特罗姆勒油漆涂料

设计机构：雷诺兹和雷纳
设计师：阿尔乔姆 · 库利克
国家：乌克兰
联系人：亚历山大 · 安德烈耶夫
创意总监：亚历山大 · 安德烈耶夫、阿尔乔姆 · 库利克
客户：沃尔多 · 特罗姆勒油漆涂料

WHITE NO. 437
DENSITY
APPROX. 1.5 KG/L
STORAGE
PROTECT
FROM FROST
FULL-MATT
PAINT
FOR
CEILING

GUMBOOTS
RETAIN SUPPLENESS AT
TEMPERATURES UP TO -30C
REAR KICK-OFF RIBS
PROFESSIONAL
BIO PROTECT
FULLY LINED
STORAGE
BOILERSUIT
PAINTROLLER
PAINTROLLER

wtp
WALDO
TROMMLER
PAINTS

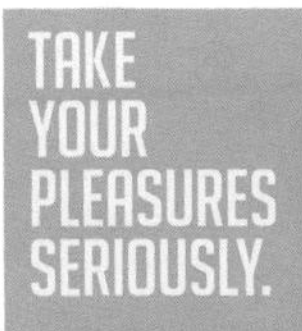
TAKE
YOUR
PLEASURES
SERIOUSLY.

ART IS
NOT
WHAT
YOU SEE

WATER
BURN
PAINTS

ALKYD
PAINT
wtp

ULJAS
LONNBOHM
ARVO
SNELLMANN
ULJAS
LONNBOHM

WALDO
TROMMLER
PAINTS
wtp

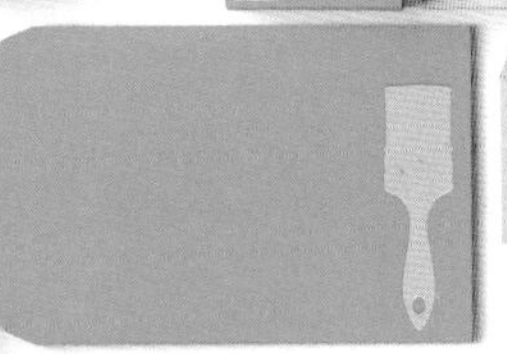

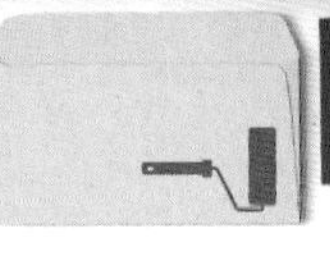

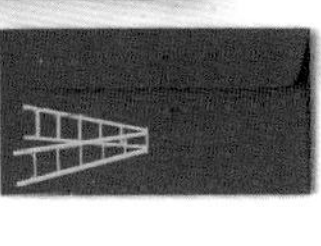

WALDO
TROMMLER
PAINTS

ALKYD
PAINTS
IF YOU
CAN PAINT
ONE THING,
YOU CAN PAINT
EVERTHING
wtp

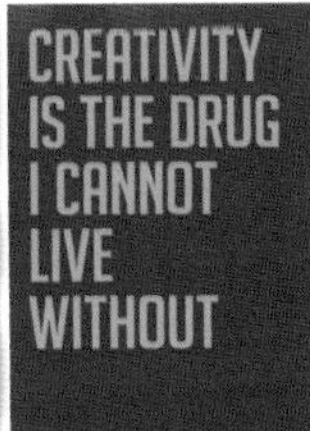
CREATIVITY
IS THE DRUG
I CANNOT
LIVE
WITHOUT

FLOOR
LACQUER

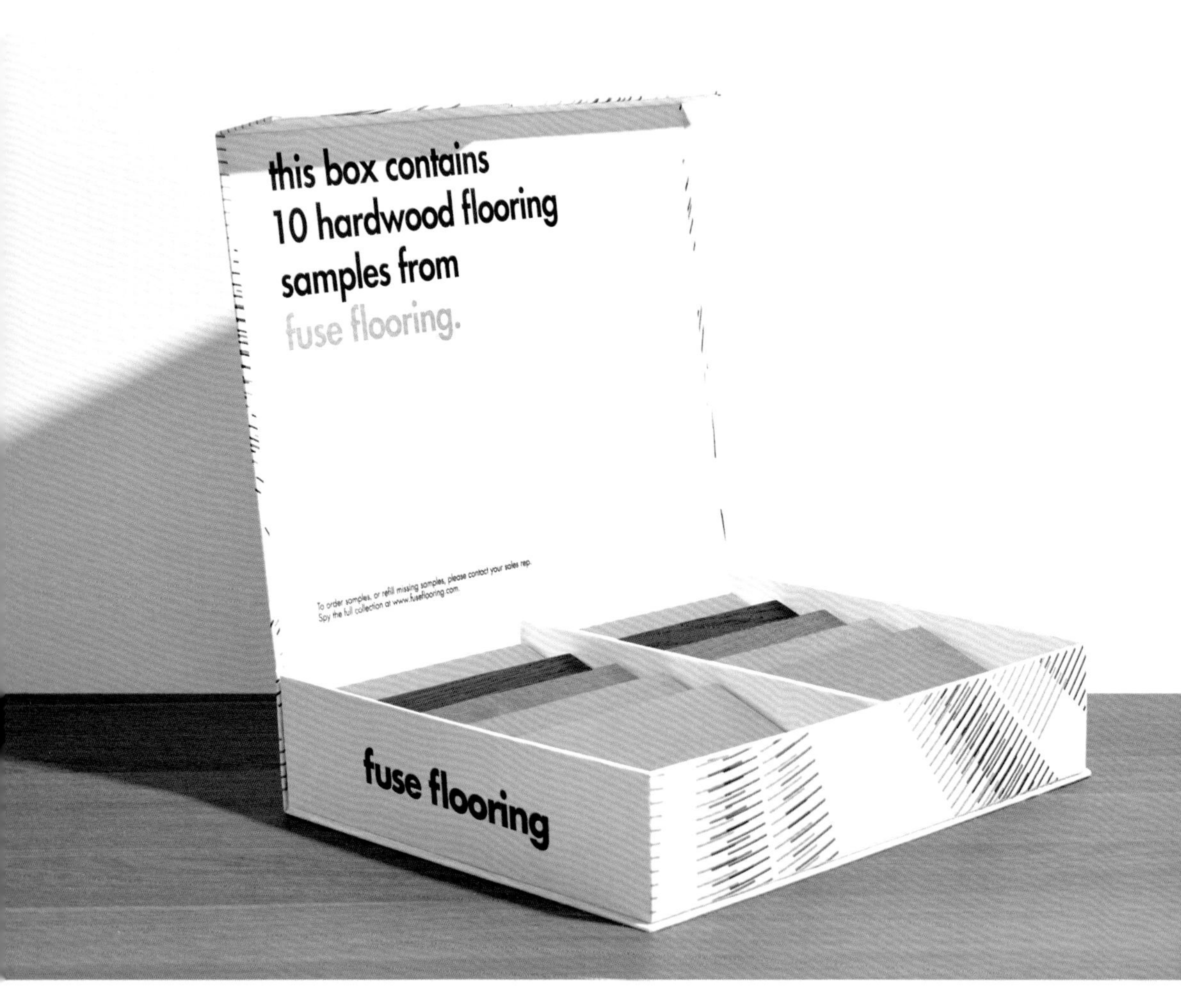

富塞地板(Fuse Flooring)

设计机构：安娜格拉玛工作室
国家：墨西哥
摄影：卡罗加 · 福托
客户：富塞地板

我们以自然简约的方式进行了整个品牌设计。环状木纹是我们的主要灵感来源，也是我们生成设计的基础。我们用计算机编程，创造出了这些圆形图案。这些图案就像树干被水平切割后的样子。我们选择富图拉字体是因为它风格优雅。标识等重要文字都加了铜箔，以加强产品在使用时的质感。白色背景为所有的设计元素留出了空间，和所诠释的现代风格相契合。

fuse

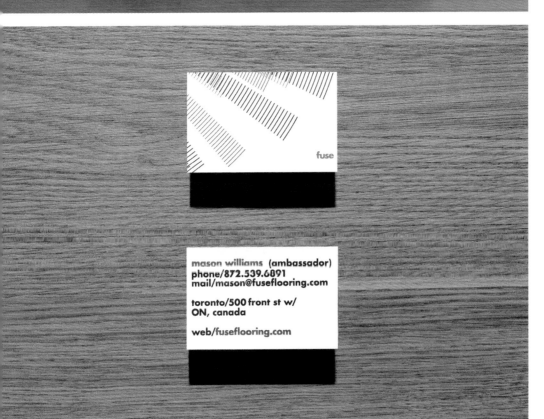

mason williams (ambassador)
phone/872.539.6891
mail/mason@fuseflooring.com

toronto/500 front st w/
ON, canada

web/fuseflooring.com

可可菲奥里 (Coco Fiori)“共享收藏”

设计机构：骨干品牌
设计师：斯蒂芬 · 阿扎里扬
国家：亚美尼亚
客户：可可菲奥里

COCO
fiori
Share Collection
www.coco.am
Backbone
branding

可可菲奥里“共享收藏”

设计机构：骨干品牌
设计师：斯蒂芬·阿扎里扬
国家：亚美尼亚
客户：可可菲奥里

此次挑战是为当地的顶级花卉品牌可可菲奥里打造一个独家系列。想法来自产品的独家经销权。这是一大束鲜花，你可以把它分成小束，和你心爱的人共享这份宁静的美好。促销活动的口号是“与共享收藏一起共享美”，这正是此次包装设计理念的精辟写照。

Alfredo Gonzales®

Alfredo Gonzales®

PINEAPPLE
SOCK
YELLOW/GREEN

redo Gonzal

LOGO FH17
AG.SK.LO.04.132
RRP €10

ALFREDOGONZALES.COM

LIVE

阿尔弗雷多 · 冈萨雷斯
Alfredo Gonzales)

计机构：安娜格拉玛工作室
家：墨西哥
影：卡罗加 · 福托
户：阿尔弗雷多 · 冈萨雷斯

ALFREDO GONZALES
EST. 1983
Alfredo Gonzales
LIVE THE GOOD LIFE.

ADELBERT
C.E.O./FOUNDER/SOCK MAKER
ADELBERT@ALFREDOGONZALES.COM
T: +31452384028
GAFFELSTRAAT
ROTTERDAM, THE NETHERLANDS
ALFREDOGONZALES.COM

这个项目中，我们采用了一种新颖的排版风格，展示阿尔弗雷多 · 冈萨雷斯品牌独特的个性，且设计了一个全新的手写体标识。所有的插图都是手绘的，以强调其独特性。在包装方面设了与各式袜子相搭配的盒子，这些盒子款式简却永不会过时。这个量身定制的全新品牌设计现了客户不屈不挠的精神。

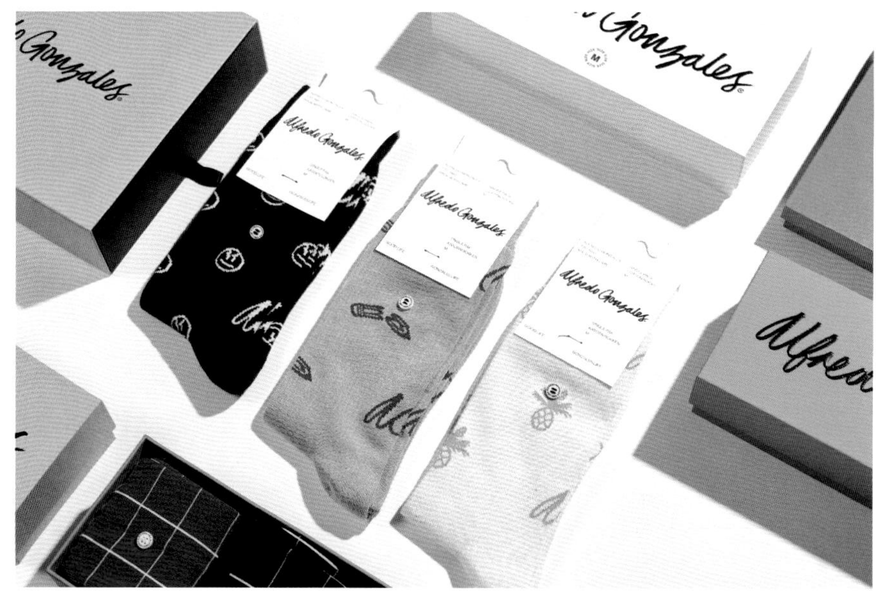
Alfredo Gonzales
Alfredo Gonzales
Alfredo Gonzales
Alfredo Gonzales

Alfredo Gonzales
M
Alfredo Gonzales
M
Alfredo Gonzales
M
Alfredo Gonzales
M

阿尔弗雷多·冈萨雷斯

设计机构：安娜格拉玛工作室
国家：墨西哥
摄影：卜罗加　福托
客户：阿尔弗雷多·冈萨雷斯

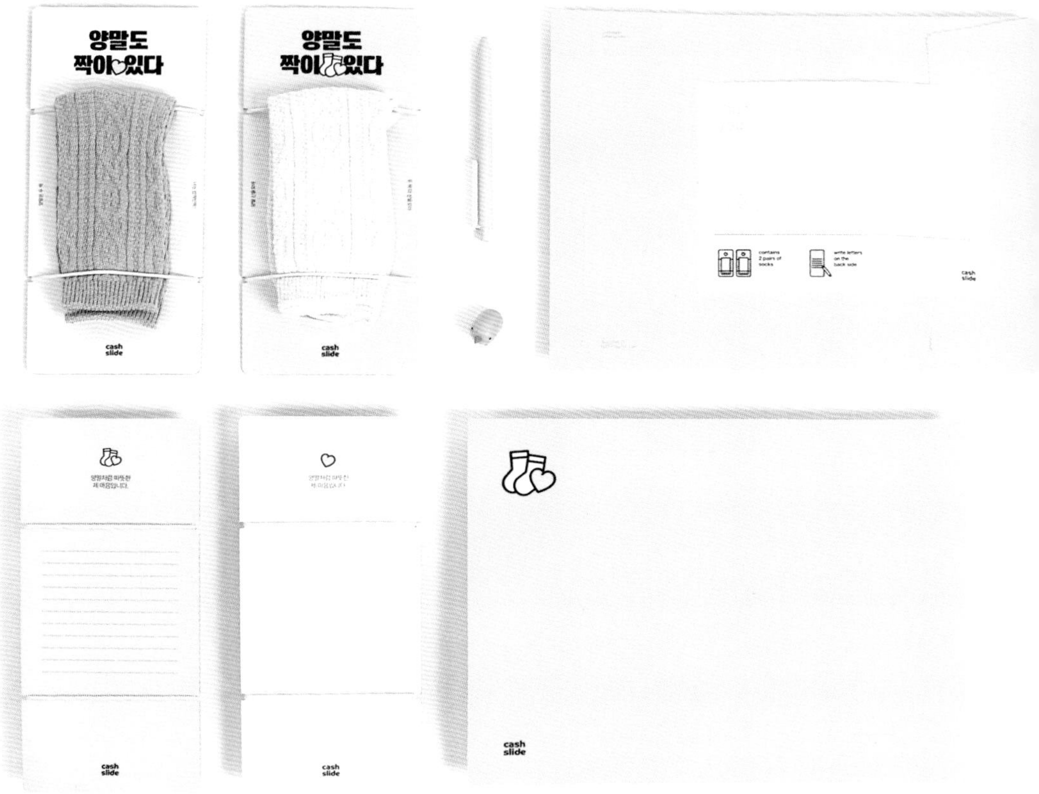

양말도
짝이 있다
cash
slide
양말도
짝이 있다
cash
slide
contains 2 pairs of socks
write letters on the back side
cash
slide
cash
slide
cash
slide

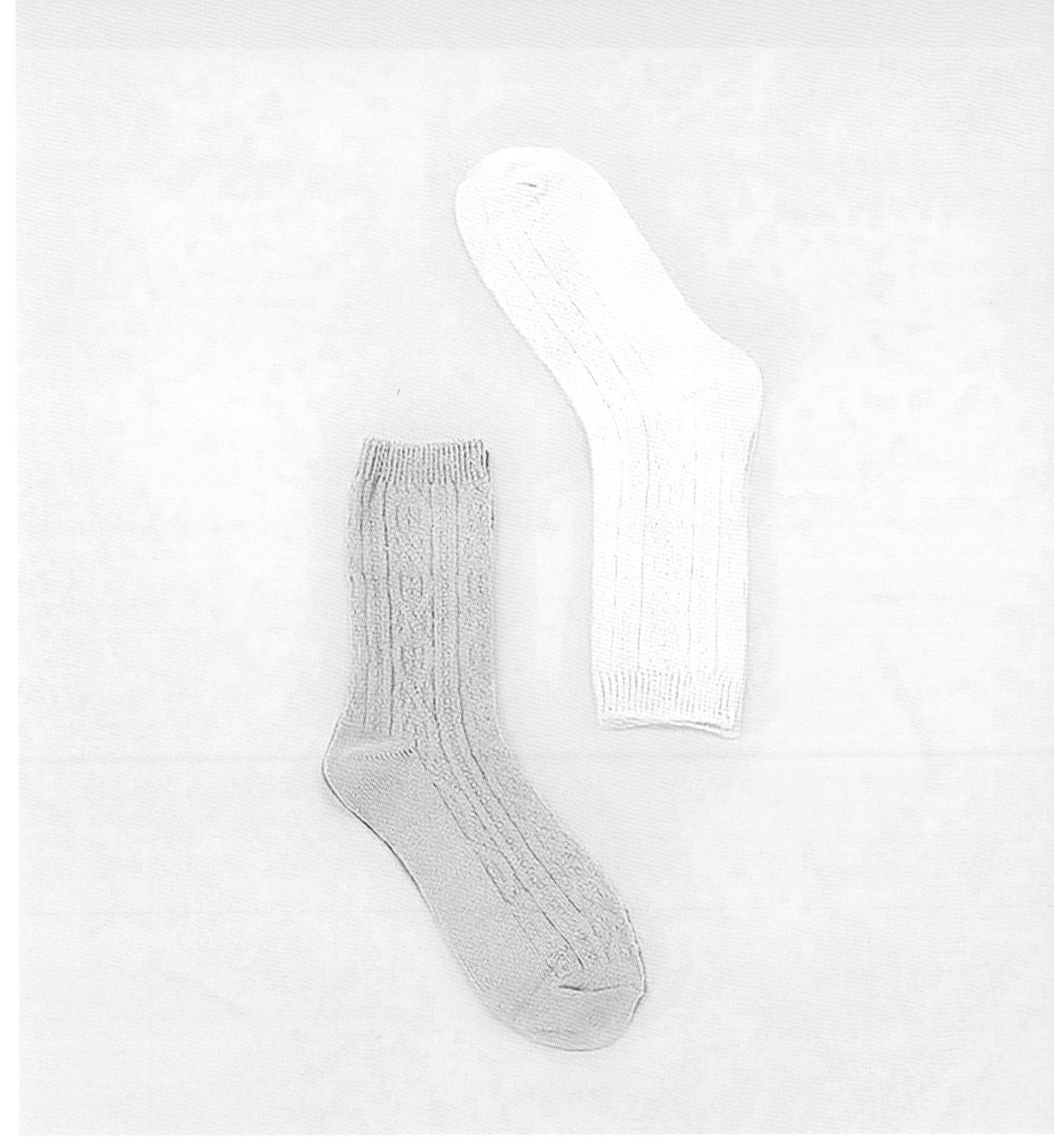

书信短袜 (Letter Socks)

设计师：金贤美（김현미）、金美珍（김미진）
国家：韩国
创意总监：金贤美
客户：卡什利德 (cashslide)

书信短袜的包装是专门为家人和朋友设计的，可以在袜子背面附上一封短信，以表热情的致意和温暖的问候。包装上的俏皮话，也能给你一些小确幸。我们将柔软保暖的袜子固定在纸板上，控制成本，以确保消费者可以接受其价位。

袜子 (Socks)

设计师：马塞尔 · 舍谢洛夫
国家：吉尔吉斯斯坦

我们会在鞋子里找到属于自己的袜子，这是该包装的展示特点。该包装系列包括男鞋、女鞋、青少年鞋和运动鞋。

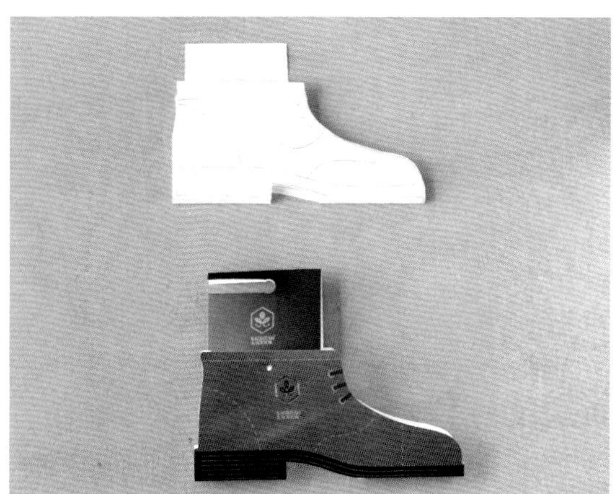

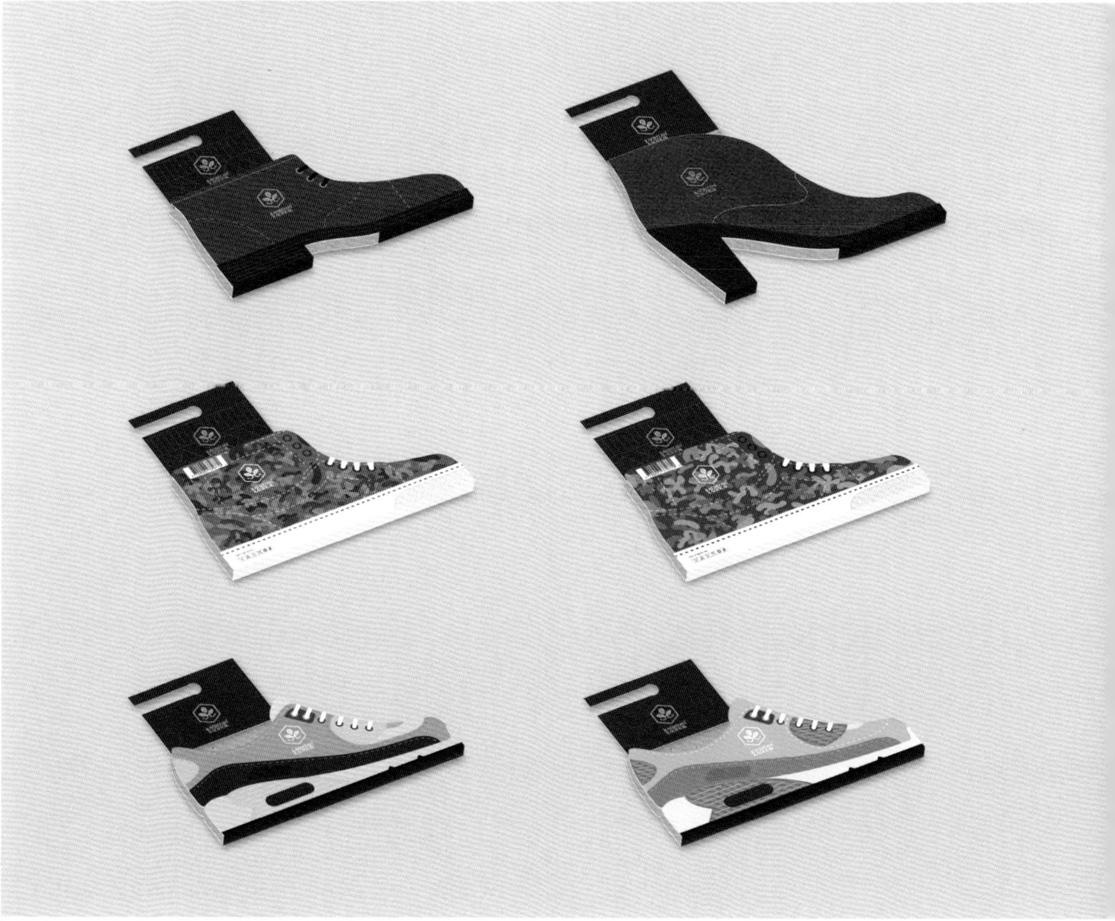

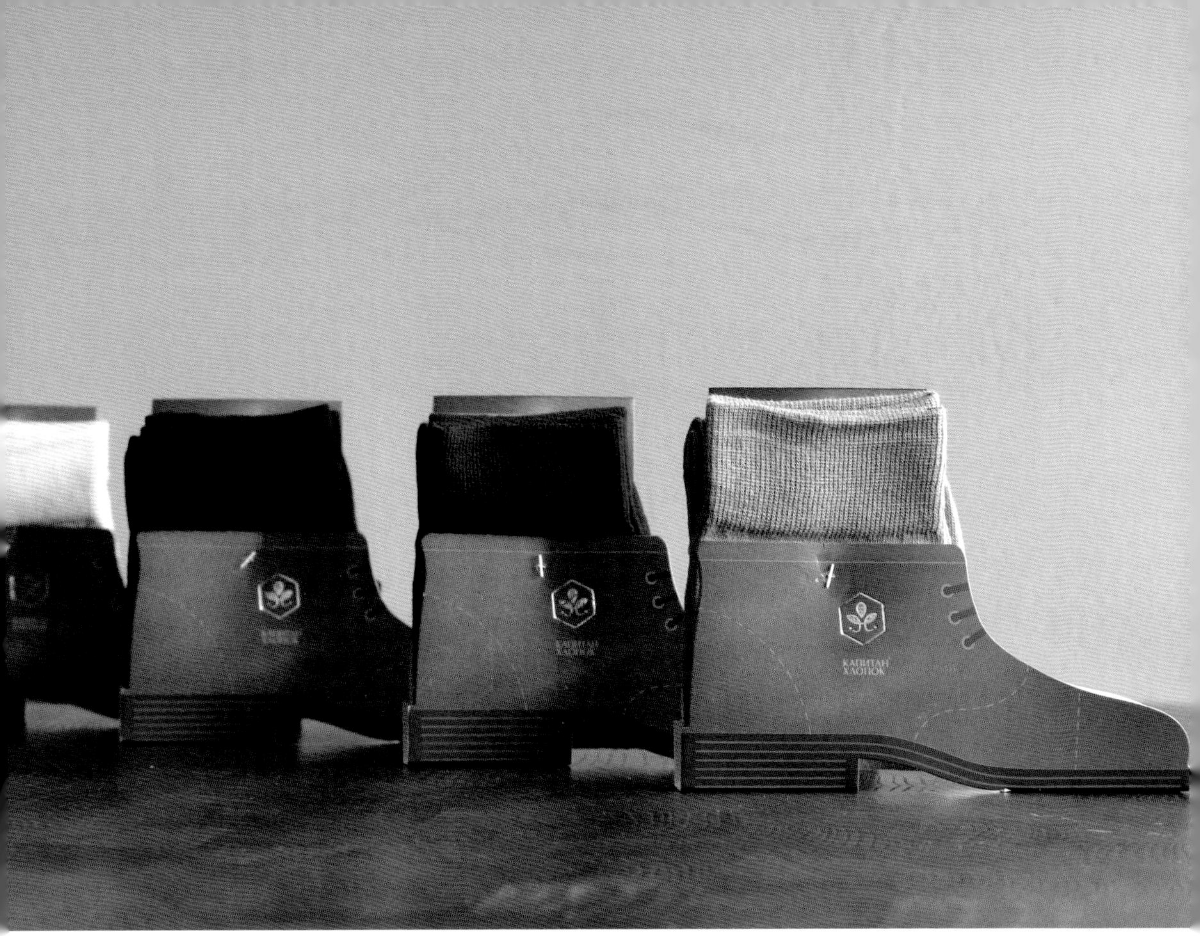
КАПИТАН
ХЛОПОК

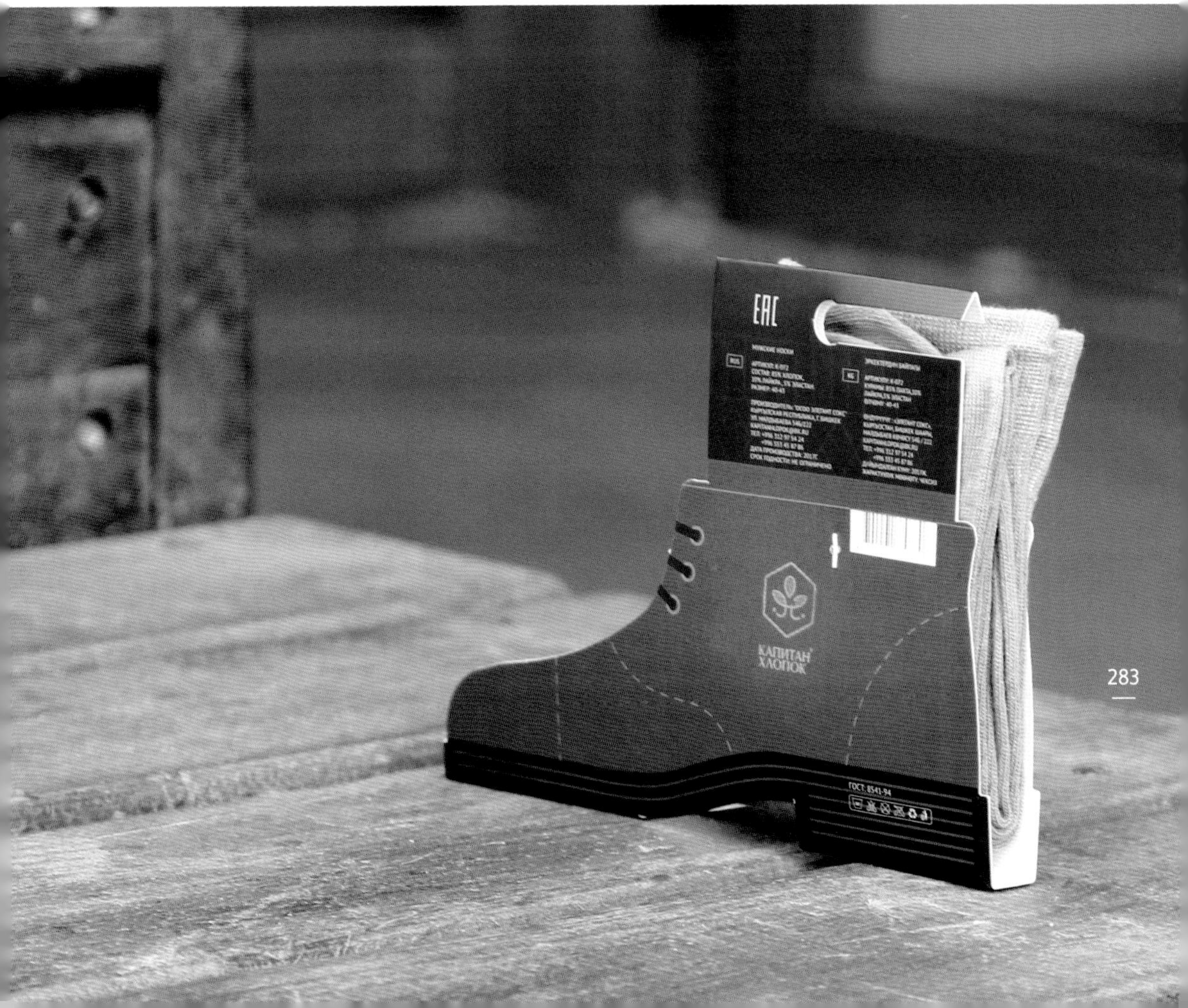
ЕАС
КАПИТАН
ХЛОПОК
ГОСТ: 8541-94

艾达集装箱鞋盒
(ADDA CONTAINER SHOE BOX)

设计师：拉特哈肯·迪斯贾伊耶恩、斯凯、蓬皮帕特·杰萨达拉克
设计机构：及时设计
国家：泰国
创意总监：颂赞·康沃吉特
设计总监：潘鲁朋·莫德 (Phanupong Maud)
结构包装设计师：尼提塔斯·潘图朗希 (Nititath Panthurangsee)、鲁塔维奇·阿卡查林 (Rutthawitch Akkachairin)、塔帕顿 (Chaloempanaphan)
后期：蒂亚达·阿卡拉西纳库、潘蒂帕·帕朴孟、查里达·阿萨瓦蒙霍尔西里 (Thiyada Akarasinakul)

街头鞋品牌艾达在全球范围内大量进口高品质的原材料，为青少年生产流行时尚的鞋子。与现代青少年群体交流是一个很大的挑战，因为他们有自己的群体文化、生活方式、想法和偏好。于是我们就设计了艾达集装箱鞋盒，设计的灵感来自产品的生产和销售运输过程。原材料需要运输到工厂生产，制成成品后，我们又将它运输到消费者手中。

鞋盒设计成抽屉的样子，四周打上了“艾达”的品牌标签，看起来非常牢固。除此之外，鞋盒四个角都有卡槽，这种设计使得鞋盒堆叠起来很稳固。这些盒子既可以被整整齐齐地摆在家里，也可以用于商店零售空间的装饰。这款新设计成功地吸引了青少年群体，提升了品牌形象。

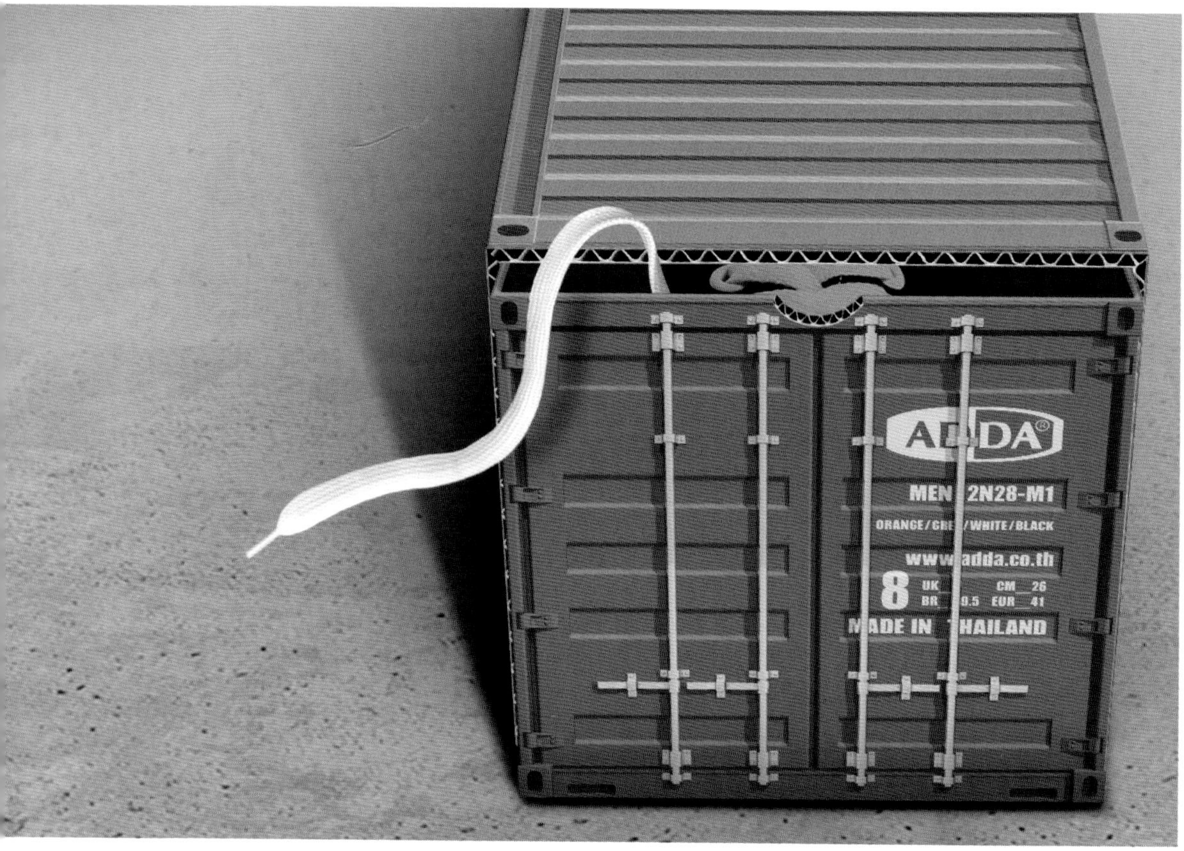

ADDA

艾达集装箱鞋盒

设计师: 拉特哈肯·迪斯贾伊耶恩、斯凯、蓬皮帕特·杰萨达拉克
设计机构: 及时设计
国家: 泰国
创意总监: 颂赞·康沃吉特
设计总监: 潘鲁朋·莫德
结构包装设计师: 尼提塔斯·潘图朗希、鲁塔维奇·阿卡查林、塔帕顿
后期: 蒂亚达·阿卡拉西纳库、潘蒂帕·帕朴孟、查里达·阿萨瓦蒙霍尔西里

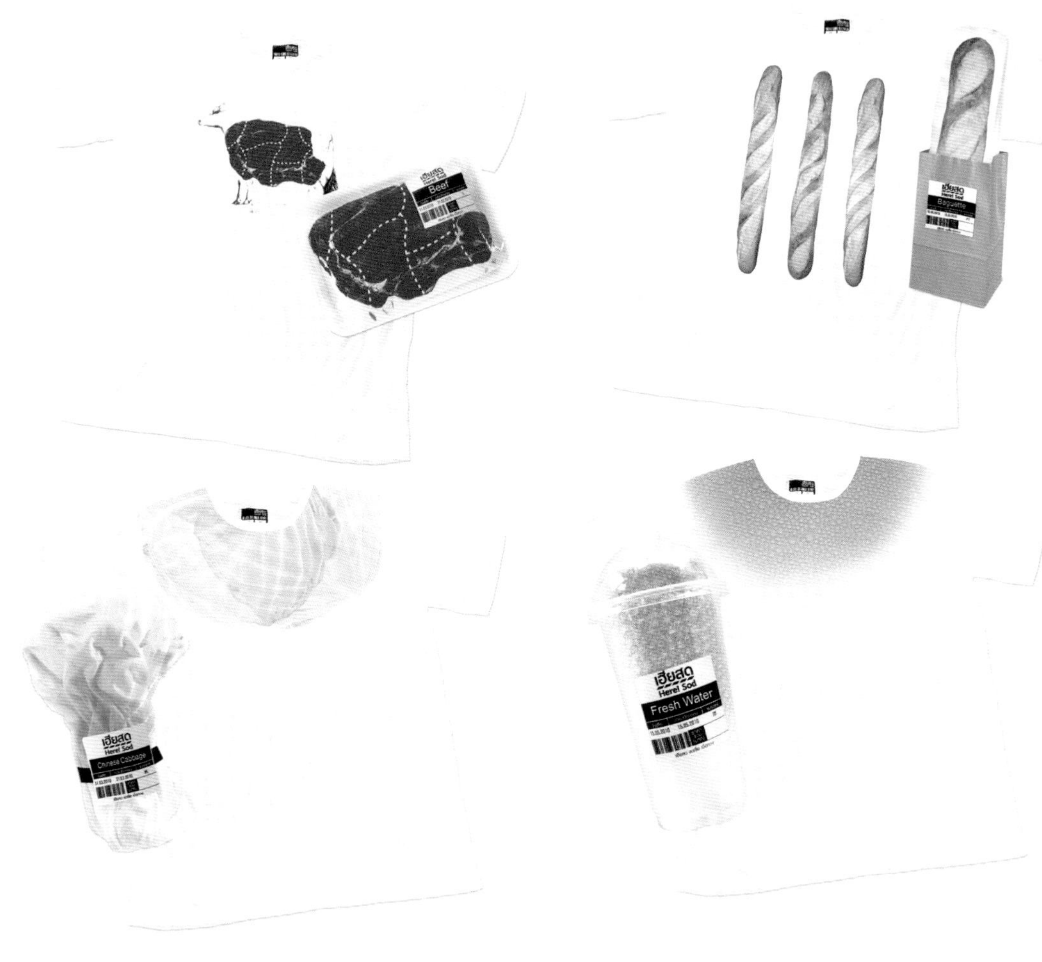

看这里！梭德 T 恤包装
(Here! Sod T-Shirt Packaging)

设计机构：及时设计
国家：泰国
客户：赫尔 · 梭德 (Here Sod)

看这里！梭德生产了一系列新 T 恤，包装得简单又独特，就像美食超市里的食品。每件衬衫都像不同品类的食物一样，有不同的包装形式。比如“猪肉 T 恤”是用超市肉类专区的聚苯乙烯泡沫塑料熟食盒装起来的。这个系列中的所有 T 恤都包装得很特别，非常吸引眼球，为消费者创造了一种新奇有趣的购物体验，立即提高了品牌认可度，产生了很好的口碑效应。

Let's take a walk in the sun

with a gentle touch of Gauze Muffler around your neck!

SIZE Approx. 34cm × 160cm

GAUZE
MUFFLER
STANDARD

Imabari Works

MADE IN IMABARI, JAPAN

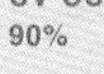

Machine
Washable

Wearable
all season

TO

FROM

Ultrafine multi layer gauze

Woven from a mix of high grade acrylic and cotton

Usable throughout the year

Home washable , clean at all times

Protect your neck from UV

Ultralight around your neck

COTTON 55% ACRYLIC 45%

GAUZE
MUFFLER
STANDARD
UV-CUT 90%
UVカット率約90%
Machine Washable
家庭洗濯OK
Wearable all season
オールシーズンOK
Gauze Muffler Standard
ガーゼマフラースタンダード
サイズ：約34×160cm
Keep the water clean
colorsville
TEL：0898-65-4900

标准薄纱围巾 (GAUZE MUFFLER STANDARD)

设计师：松本晃司
设计机构：菲尔浩斯
国家：日本
客户：卡勒斯维尔株式会社

KOBE
GAUZE
MUFFLER
KOBE
STYLE

神户薄纱围巾
(KOBE GAUZE MUFFLER)

设计师：松本晃司
设计机构：菲尔浩斯
国家：日本
客户：卡勒斯维尔株式会社

将书本形状的纸板包装设计成纪念册的样子，灵感来自对旅行的认知。旅行时途经一个小镇，会在小镇的旧书店买自己最喜欢的书，以纪念这次旅程。为了展现超薄多层轻纱围巾的柔软，包装材料使用了纸板盒，让人联想到面料的温暖和柔软。

泽野弘之多彩薄纱围巾
(LIGHT GAUZE MUFFLER ZIPANGU COLOR)

设计师：松本晃司
设计机构：菲尔浩斯
国家：日本
客户：卡勒斯维尔株式会社

这 5 种不同颜色的披肩是泽野弘之多彩薄纱围巾旗下的产品。包装设计的要求是要使产品对国内消费者和国外游客都具有吸引力。此外，还要设计一个大小合适的开口，可以让消费者看到并真正感受到围巾的质地，同时展示出围巾各自的颜色。

我们设计了一个象征着古代日本的传统扇子图案，通过扇形开口来满足客户的设计要求。 此外，包装上还设计了富士山、五层宝塔、东京塔等其他象征物。主色调使用了代表泽野弘之的白色、红色和金色。叠层瓦楞纸板既可以降低生产成本，又可以使包装轻巧易于运输。

MADE IN JAPAN
LIGHT GAUZE MUFFLER
ZIPANGU COLOR
SIZE APPROX. 27CM × 150CM
MADE IN JAPAN
LET'S TAKE A WALK IN THE SUN
WITH A GENTLE TOUCH OF
LIGHT GAUZE MUFFLER
AROUND YOUR NECK!

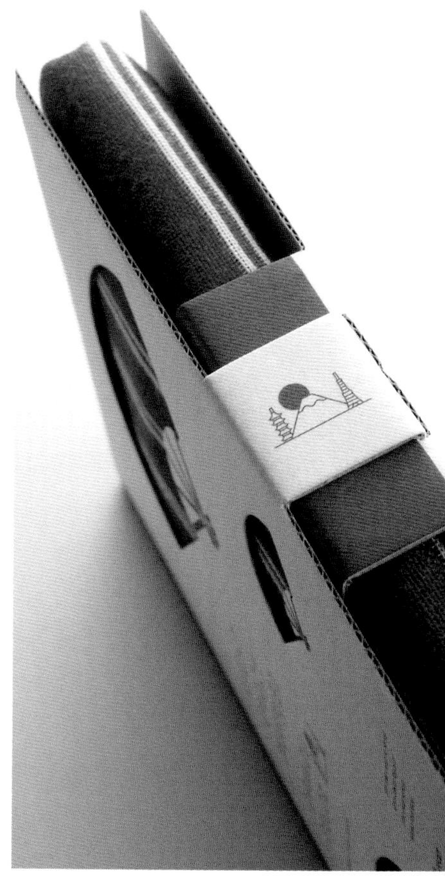

泽野弘之多彩薄纱围巾

设计师：松本晃司
设计机构：菲尔浩斯
国家：日本
客户：卡勒斯维尔株式会社

LIGHT
GAUZE
MUFFLER
ZIPANGU
COLOR
SIZE APPROX 27CM × 150CM
UV-CUT
90%
Machine
Washable
Wearable
all season
MADE IN JAPAN

日本宇和岛市是传统的珍珠产区，古老的城堡城镇之一，以其四季分明的特点吸引着游人。米乌 (miu) 是由两名传承宇和岛市传统工艺的工匠打造的品牌，带有新时代的日本元素。品牌名称米乌是宇和岛市的日文缩写，同时“米乌”的读音在日语中有“海洋”的意思，海洋正是珍珠的生产地。品牌标识中也带有海洋的形象，字母的曲线象征着海浪，字母 i 的圆点则象征着珍珠。球体标识代表了珍珠，球体上的线条则代表珍珠闪烁的光芒。

米乌

设计师：松本晃司
设计机构：菲尔浩斯
国家：日本
客户：工房明月 (Akatsuki Kobo)

TIMELESS VALUES

永恒价值国家设计奖
(Timeless Values Rijksstudio Award)

设计师：大卫 · 霍夫汉尼斯扬、
维塞沃洛德 · 阿布拉莫夫
国家：俄罗斯

我们向您介绍为参加荷兰阿姆斯特丹国立博物馆比赛的设计项目。依照参赛规则，设计既要能普及国立博物馆藏品，又要能给观众以启迪。我们仔细观察了博物馆的收藏，想到了一个将珠宝设计和绘画收藏联系在一起的主意。设计命名为“永恒的价值”，其核心理念是时间和美感的交织。

我们设计了一些珠宝，这些珠宝的原型都来自荷兰名家的画作。耳环、戒指和珍珠项链是仿照画家沃纳·范·登·瓦尔克特 (Werner van den Valckert)、安妮·路易斯·吉罗德特·特里奥森 (Anne Louis Girodet-Trioson)、安东尼·范·戴克 (Anthony van Dyck) 的画作设计的。我们还设计了独特的包装，这些包装会让人联想到博物馆的藏品，与珠宝饰品相得益彰。这个设计会让人产生一种错觉，以为自己可以穿越时空将画作中的珠宝饰品据为己有。包装内部附有一张活页，更为详尽地介绍了藏品信息。

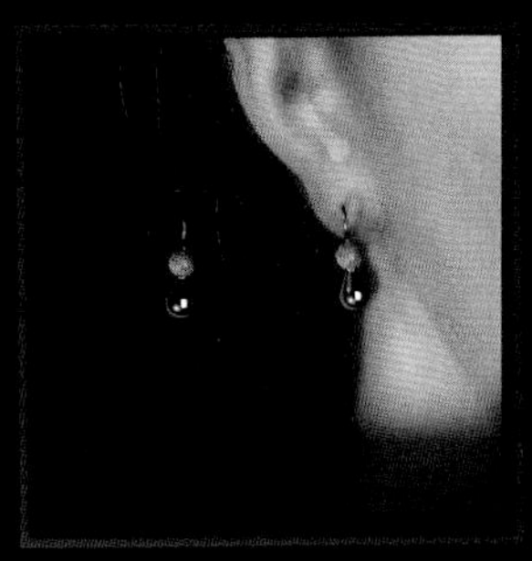

永恒价值国家设计奖

设计师：大卫 · 霍夫汉尼斯扬、
维塞沃洛德 · 阿布拉莫夫
国家：俄罗斯

恒价值国家设计奖

师：大卫 · 霍夫汉尼斯扬、
沃洛德 · 阿布拉莫夫
：俄罗斯

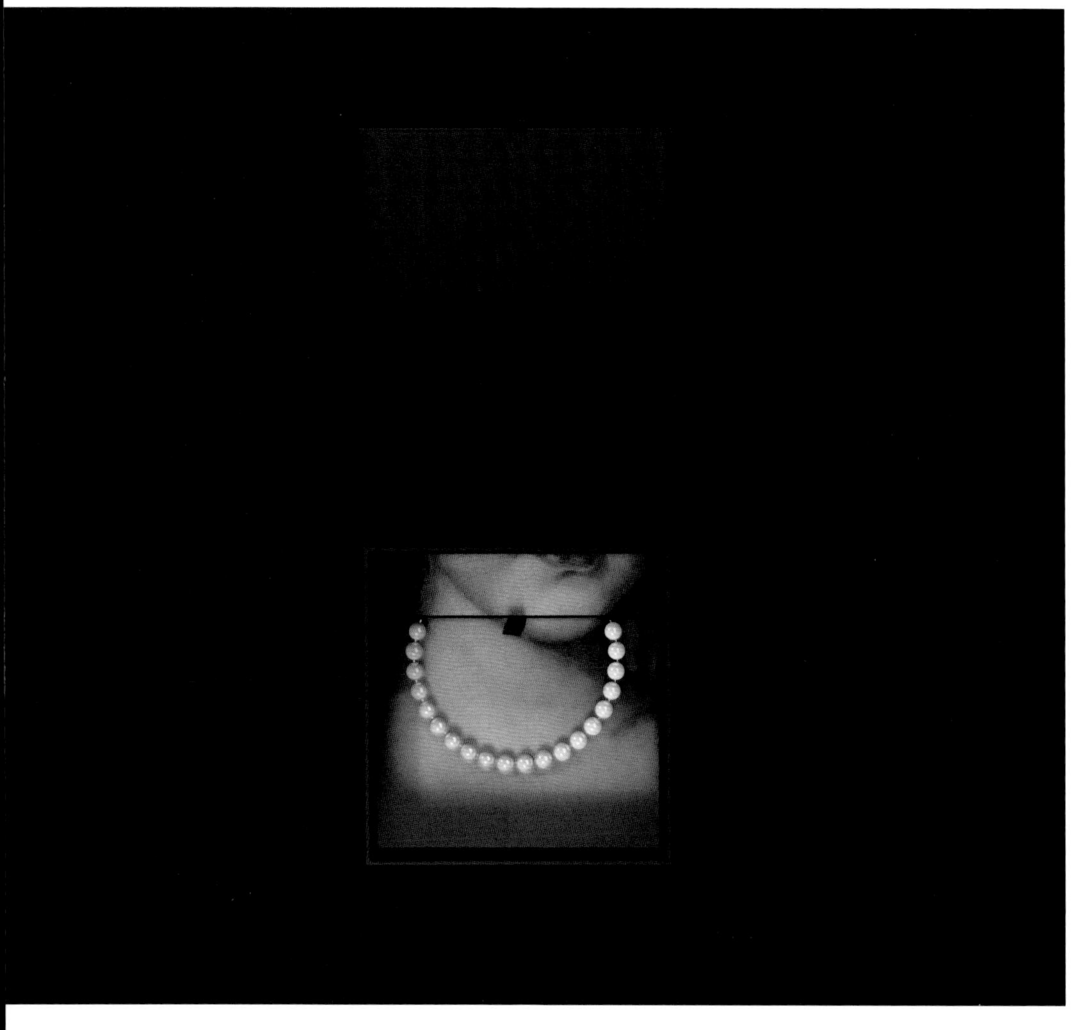

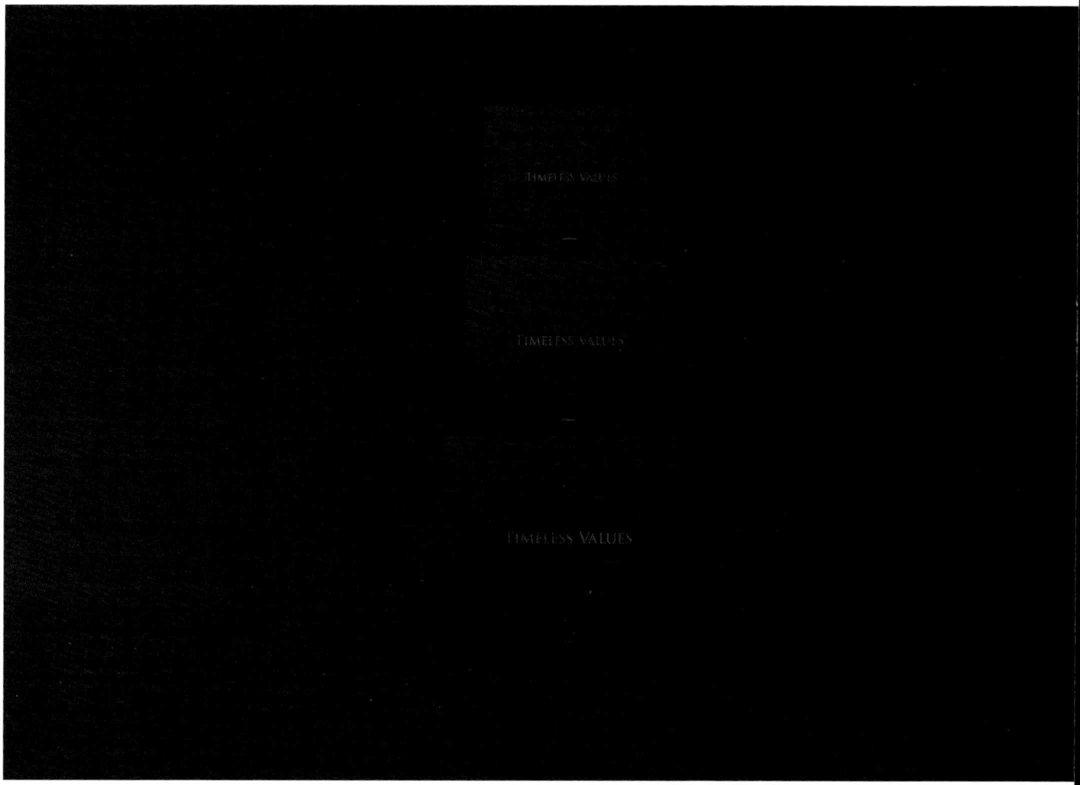

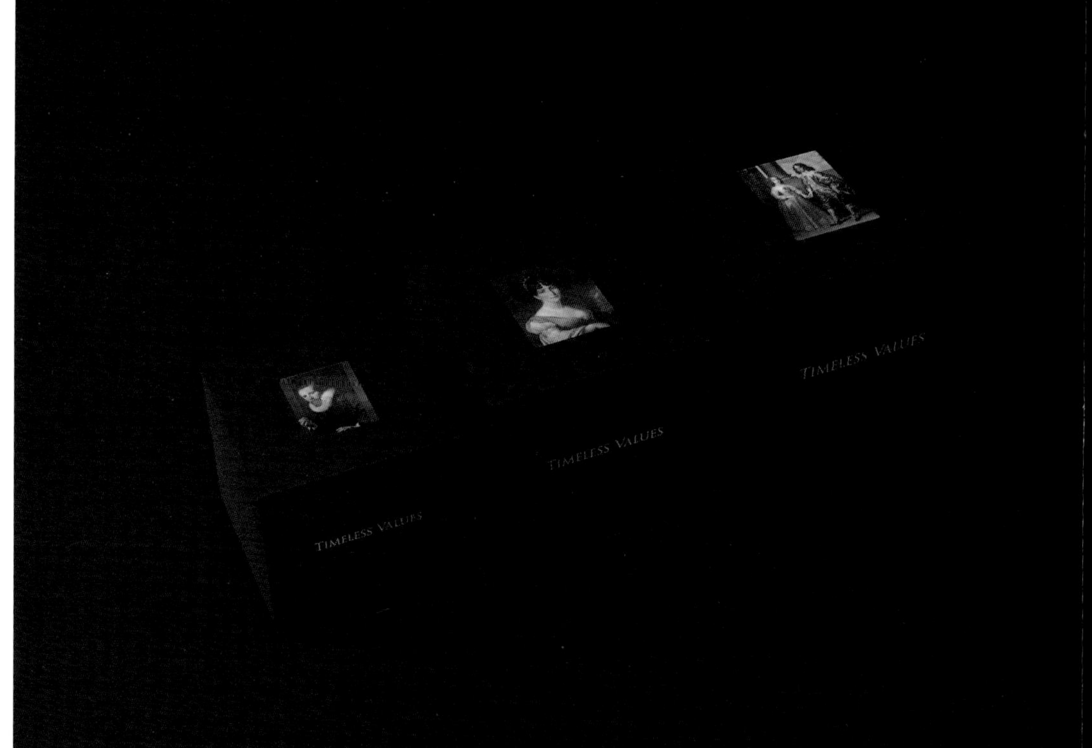

TIMELESS VALUES
TIMELESS VALUES
TIMELESS VALUES

TIMELESS VALUES
TIMELESS VALUES
TIMELESS VALUES

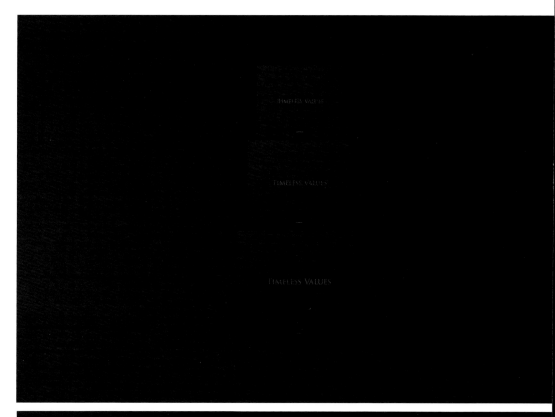

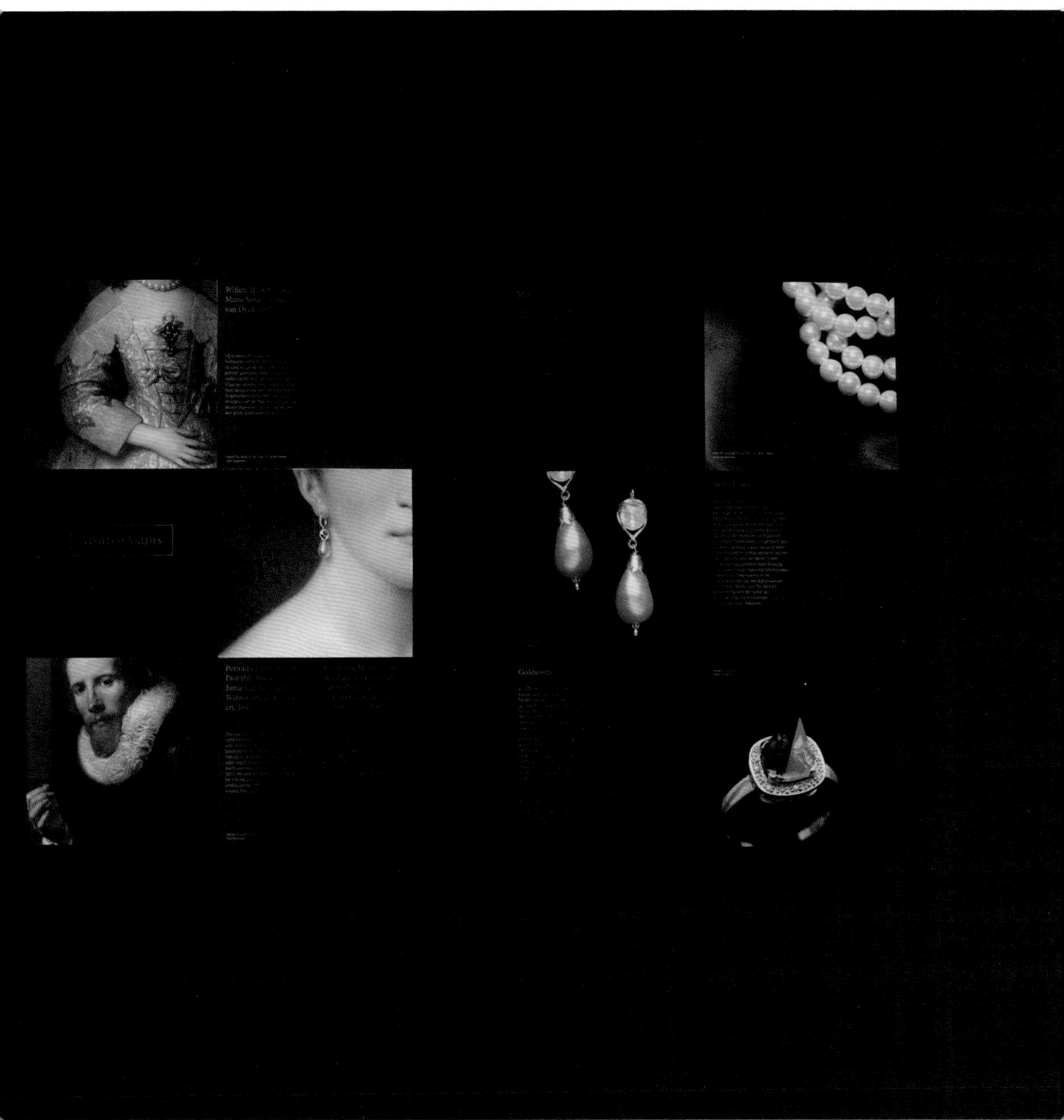

永恒价值国家设计奖

设计师：大卫 · 霍夫汉尼斯扬、
维塞沃洛德 · 阿布拉莫夫
国家：俄罗斯

M
W

韦斯·蒙哥马利：收藏版
(Wes Montgomery – Collection Edition)

设计师：拉斐尔·特谢拉·德·阿维拉·苏亚雷斯 (Rafael Teixeira de Avila Soares)
国家：巴西

这是一个为爵士音乐收藏家进行包装设计的大学项目。

Verve
6
So Much Guitar Wes Montgomery
5
Boss Guitar Wes Montgomery
4
The Alternative Wes Montgomery
3
Tequila Wes Montgomery
2
Guitar On The Go Wes Montgomery
1
The Incredible Jazz Guitar Of Wes Montgomery

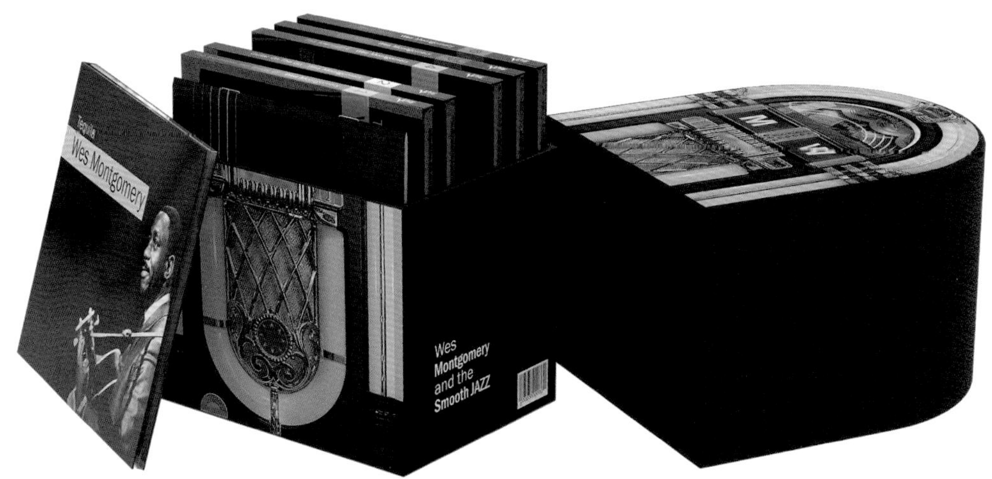
Tequila
Wes Montgomery
Wes
Montgomery
and the
Smooth JAZZ

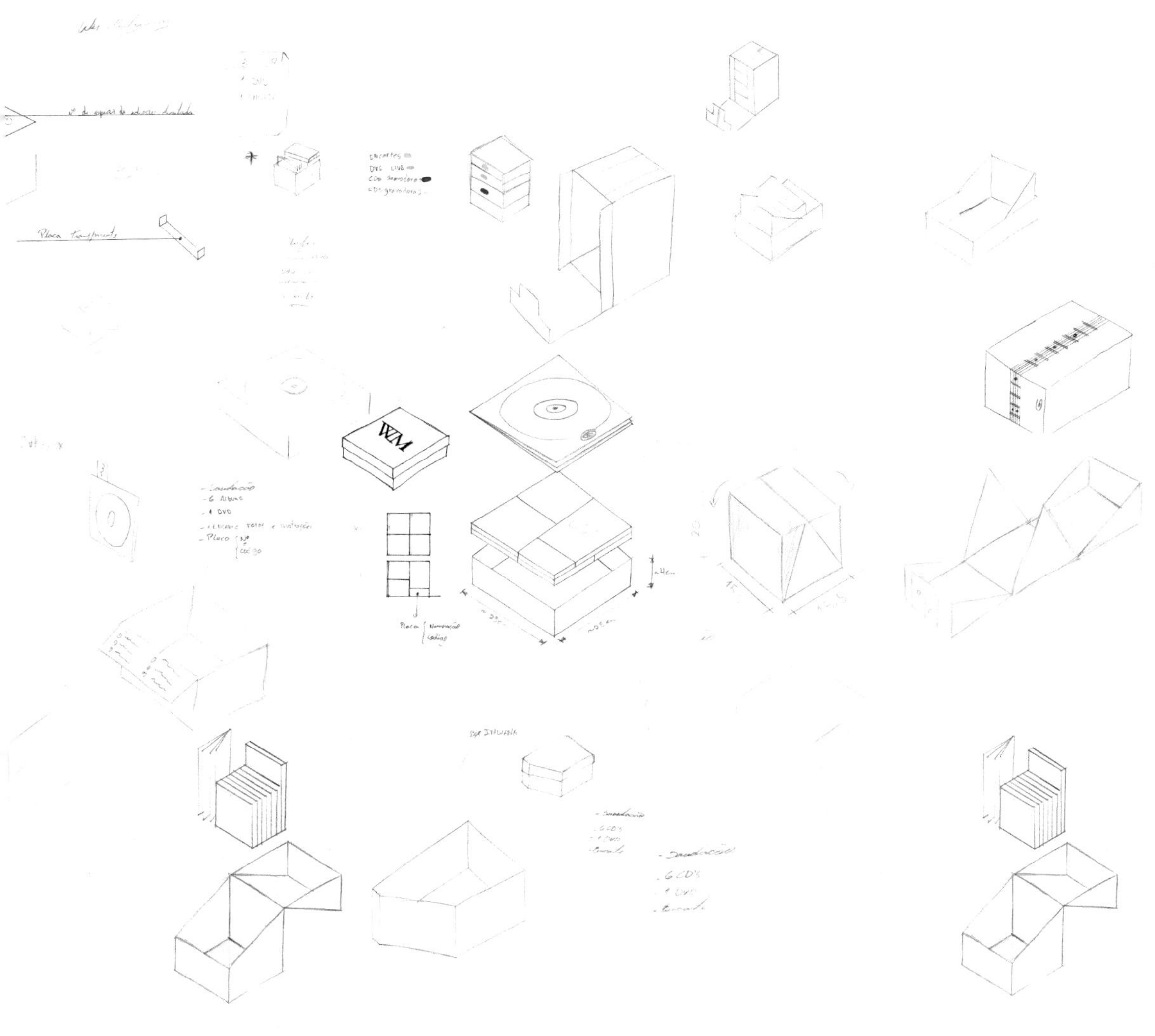

韦斯·蒙哥马利：收藏版

设计师：拉斐尔·特谢拉·德·阿维拉·苏亚雷斯
国家：巴西

基思·贾勒特《灵魂》黑胶和 CD 唱片包装
(Keith Jarrett – Spirits – Vinyl & CD Packaging)

设计师：巴拉兹·凯蒂 (Balázs Kétyi)
国家：匈牙利

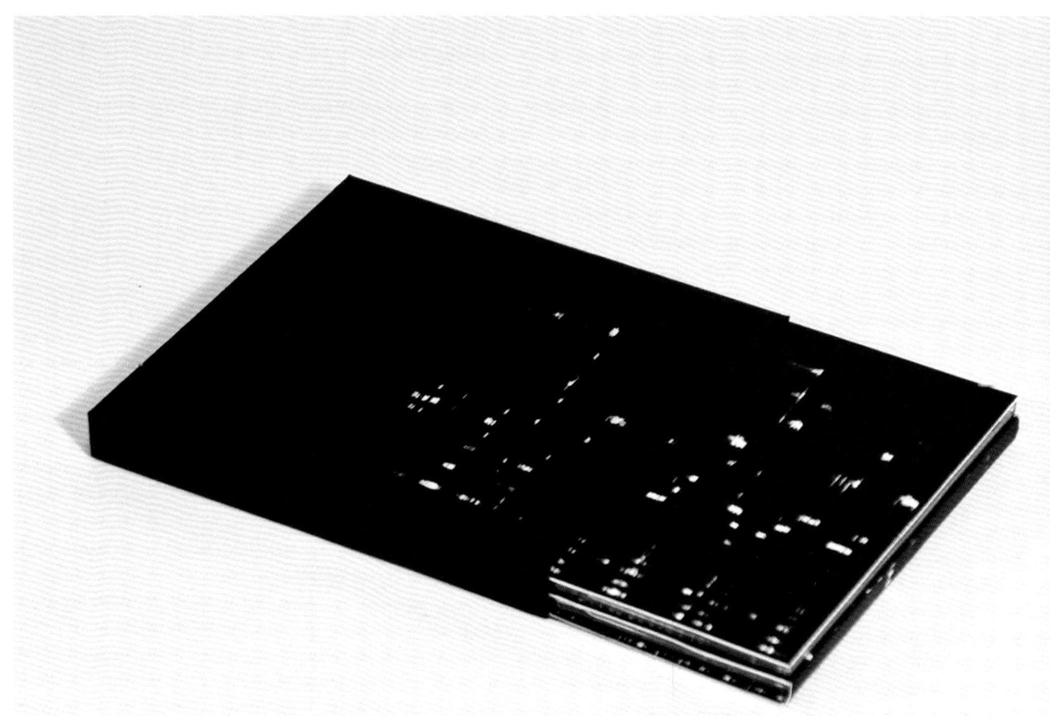

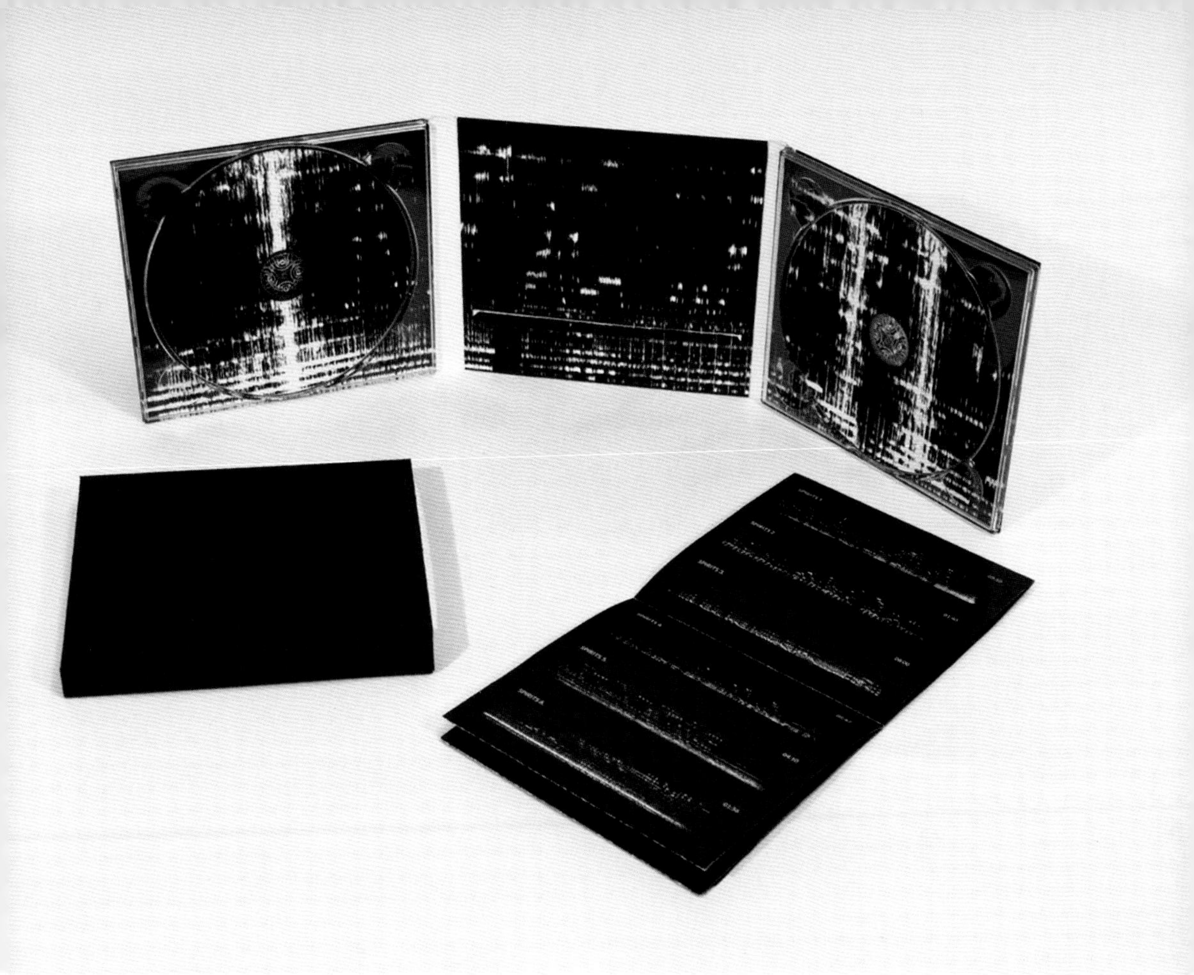

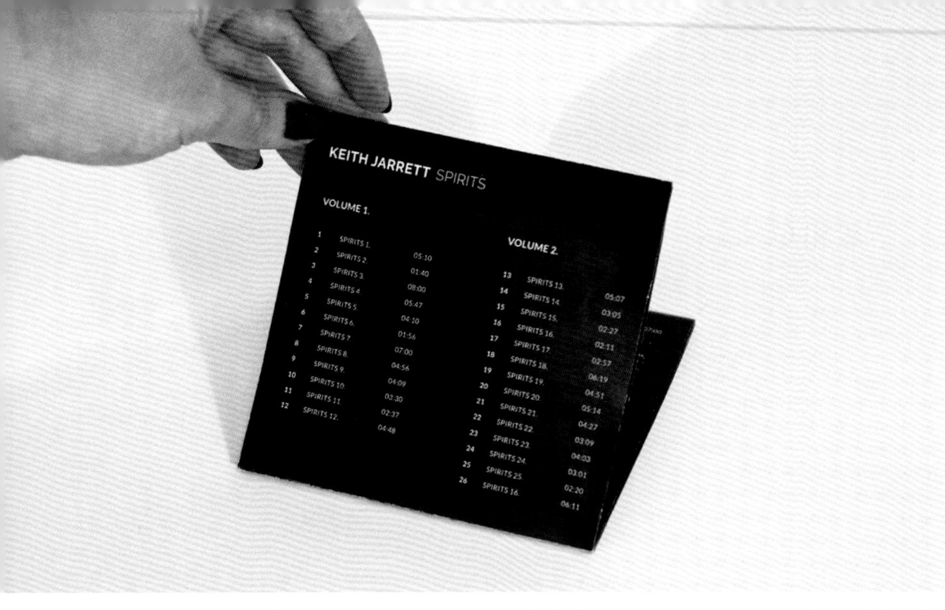
KEITH JARRETT SPIRITS
VOLUME 1.
1 SPIRITS 1. 05:10
2 SPIRITS 2. 01:40
3 SPIRITS 3. 08:00
4 SPIRITS 4. 05:47
5 SPIRITS 5. 04:10
6 SPIRITS 6. 01:56
7 SPIRITS 7. 07:00
8 SPIRITS 8. 04:56
9 SPIRITS 9. 04:09
10 SPIRITS 10. 02:30
11 SPIRITS 11. 02:37
12 SPIRITS 12. 04:48
VOLUME 2.
13 SPIRITS 13. 05:07
14 SPIRITS 14. 03:05
15 SPIRITS 15. 02:27
16 SPIRITS 16. 02:11
17 SPIRITS 17. 02:57
18 SPIRITS 18. 06:19
19 SPIRITS 19. 04:51
20 SPIRITS 20. 05:14
21 SPIRITS 21. 04:27
22 SPIRITS 22. 03:09
23 SPIRITS 23. 04:03
24 SPIRITS 24. 03:01
25 SPIRITS 25. 02:20
26 SPIRITS 16. 06:11

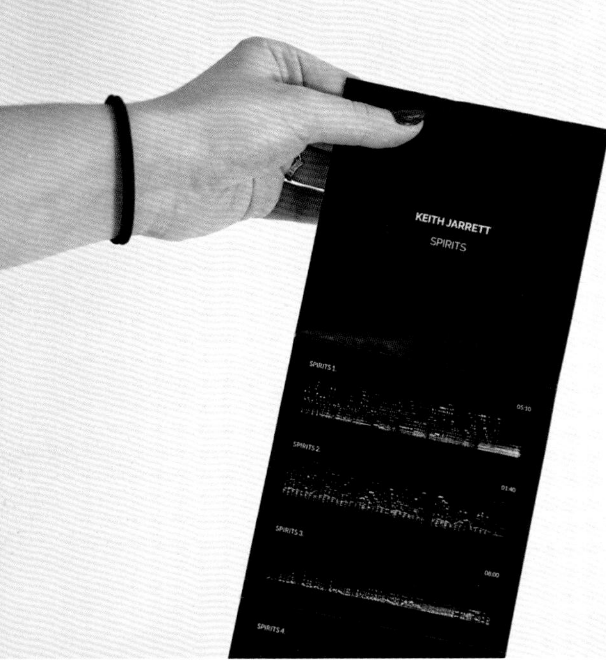
KEITH JARRETT
SPIRITS
SPIRITS 1.
05:10
SPIRITS 2.
01:40
SPIRITS 3.
08:00
SPIRITS 4.

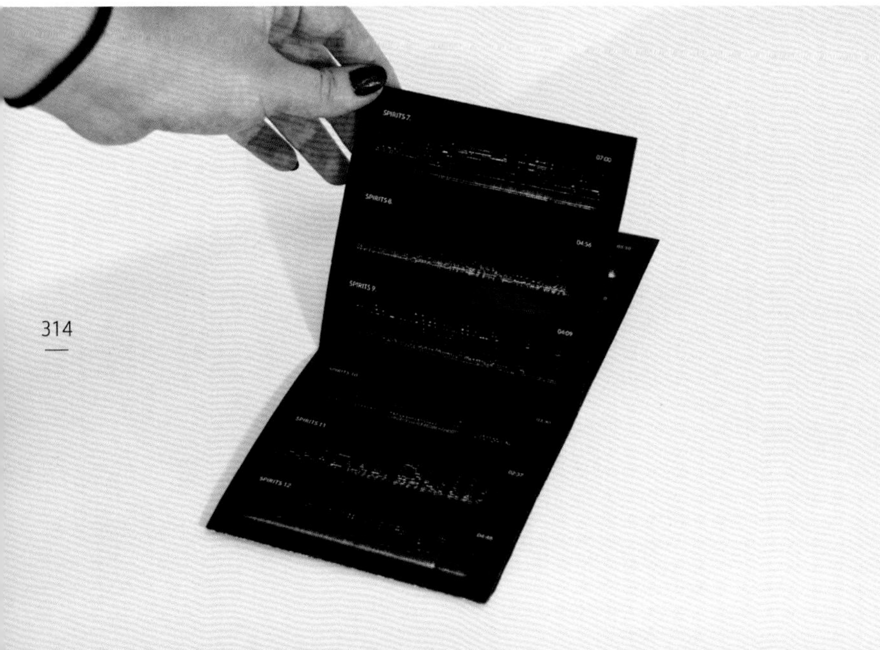
SPIRITS 7.
07:00
SPIRITS 8.
04:56
SPIRITS 9.
04:09
SPIRITS 11.
02:37
SPIRITS 12.
04:48

基思·贾勒特《灵魂》黑胶和 CD 唱片包装

设计师：巴拉兹 · 凯蒂
国家：匈牙利

这是为基思 · 贾勒特的专辑《灵魂》打造的一种新的视觉形象。实际音轨的声波被转换成声谱图，用作 CD 和黑胶唱片包装设计的基本视觉形式。

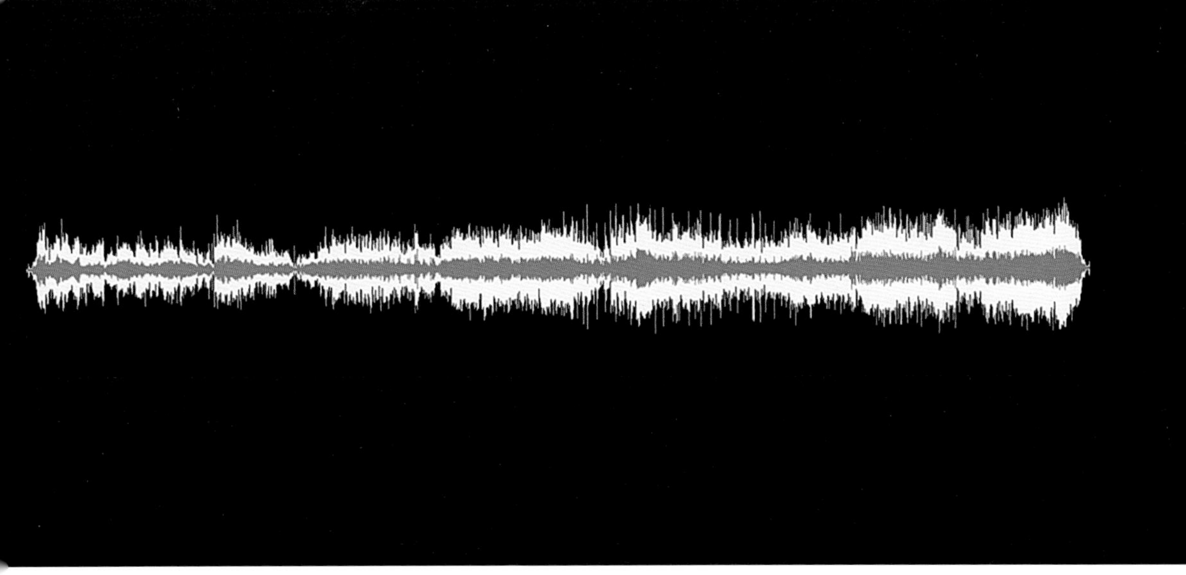

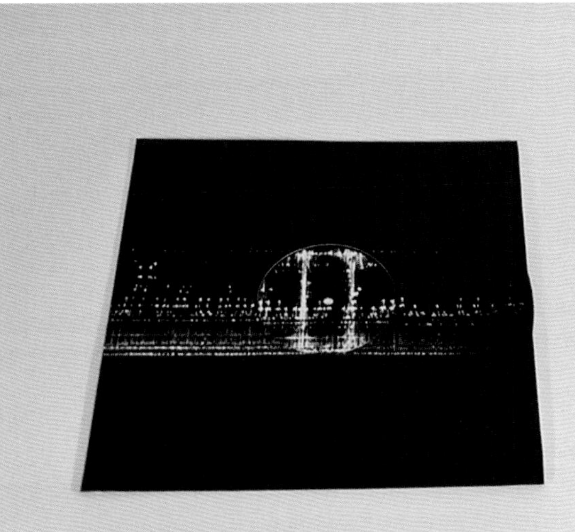

:35_3.TERPAKS
OMA IRAMA) 4:03_4. SIA
PA (RITA SUGIARTO) 6:
01_5.INSYA ALLAH (R
HOMA IRAMA) 6:00_6. TA
K PERNAH (RITA SUGIARTO) 4:
12_7. LELAKI (RHOMA IRAMA) 5:
13_8. HAYO (RHOMA IRAMA DAN
RITA SUGIARTO
3:17

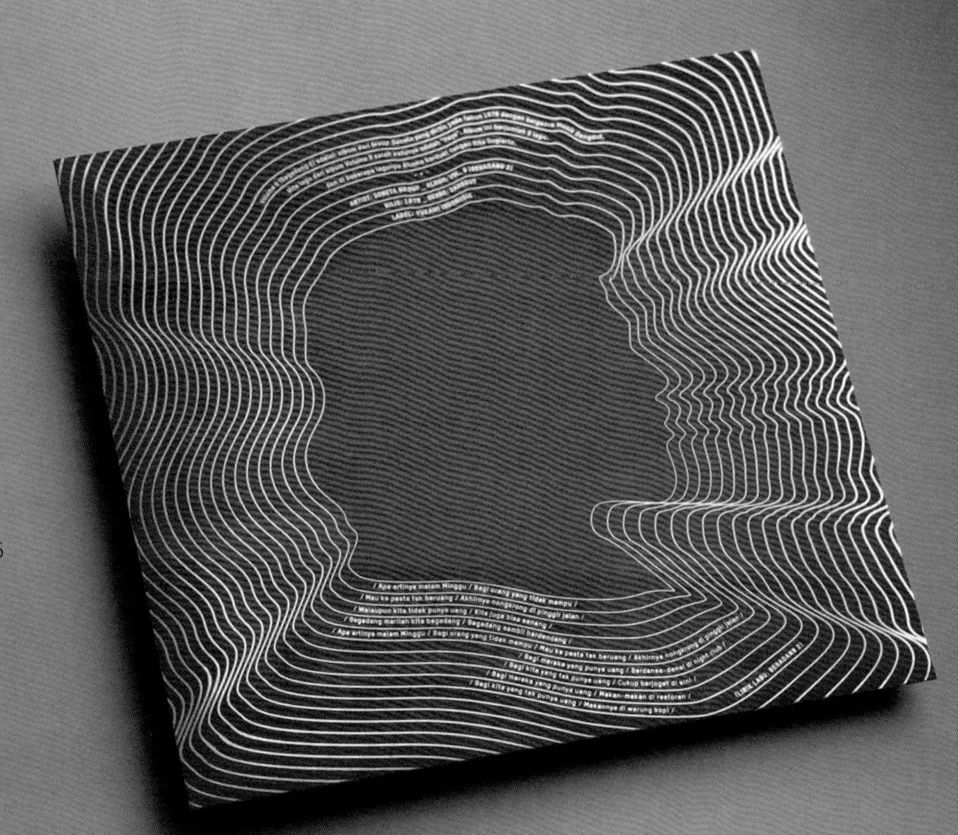

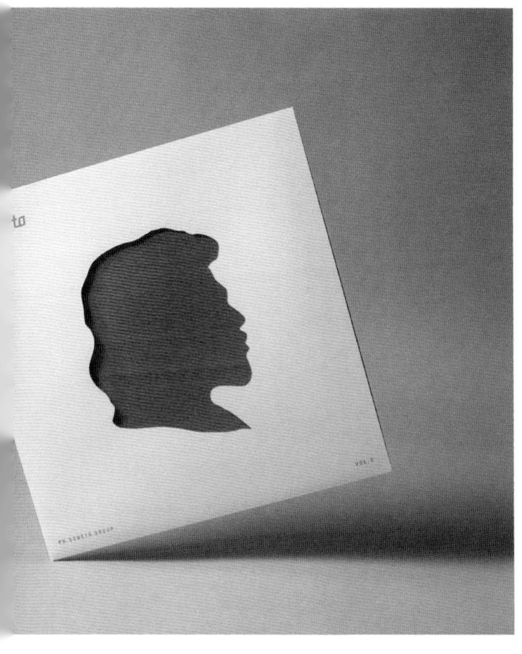

索内塔 9：《贝加当 2》唱片 (Soneta Vol 9 – Begadang 2)

设计师：威基 · 赛伦德拉 (Wicky Syailendra)
设计机构：思想空间 (Thinking*Room)
国家：印度尼西亚
创意总监：埃里克 · 维贾哈 (Eric Widjaja)
摄影：凯文 · 古纳雅雅 (Kevin Gunajaya)
客户：伊拉玛 · 努萨塔拉 (Irama Nusantara)

这是提交给伊拉玛视觉展览 (Irama Visual Exhibition) 的设计项目，这个展览是专为黑胶唱片、音乐和艺术爱好者而举办的。每个设计师都可以从现有的黑胶唱片封面中选择一个，并结合自己的理解进行再设计。我们选择了索内塔乐队的专辑，这是一个具有传奇色彩的当杜特 (Dangdut) 乐队，当杜特是一种印尼民间传统音乐的流派。乐队领唱是伊拉玛 (Rhoma Irama)，他被称为“当杜特之王”。

这张名为《贝加当 2》的唱片发行于 1979 年。我们设计了一个有切口的外包装，切口是当杜特之王的剪影，我们使用了时尚亮眼的荧光色，荧光会填满整个剪影。字母 A 中间有一只眼睛，因为贝加当有“熬夜”的意思。

Baseball Box

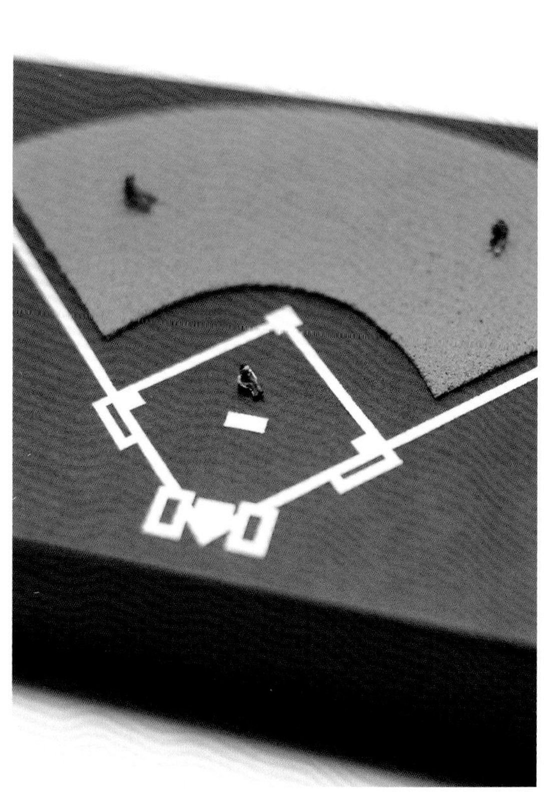

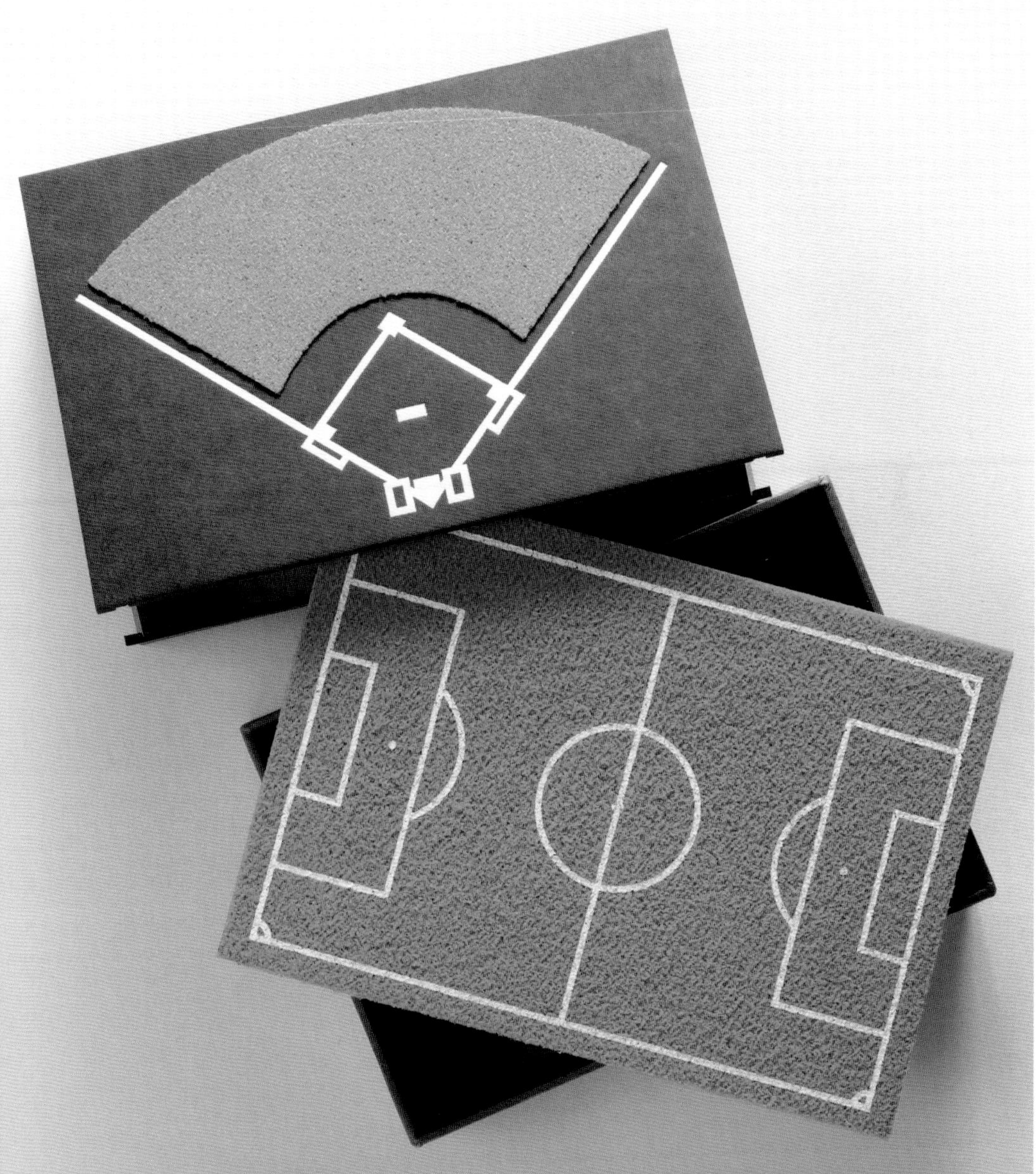

足球盒和棒球盒
(Football Box & Baseball Box)

设计师：松本晃司
设计机构：菲尔浩斯
国家：日本
客户：哈科玛特 (HAKOMART)

99.98

设计师：玛丽 · 瓦伦西亚 (Marie Valencia)
国家：新西兰
摄影：托尼 · 布朗约翰 (Tony Brownjohn)

99.98 的名字灵感来自水的沸点，沸水产生的蒸汽是推动这些轻木模型的动力。模型的扁平包装设计成书本的样子。书的正反是有机玻璃材质的，书页则是由类似材质的纸板制成的。

封面的有机玻璃上用激光切割出了 99.98 的标识，背面则刻有模型蓝图，它可以作为书的分进行展示，也可以单独取下来。用两根橡皮可以将包装固定，不需要进行胶粘。

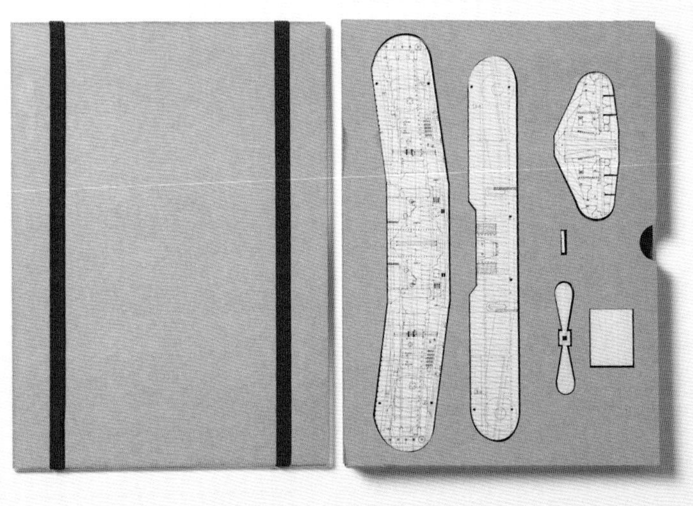

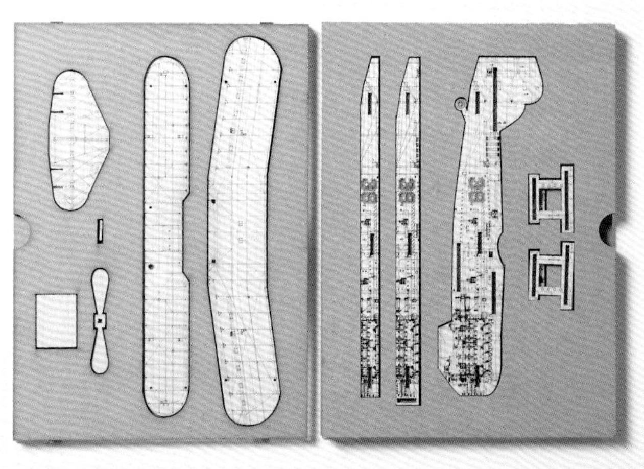

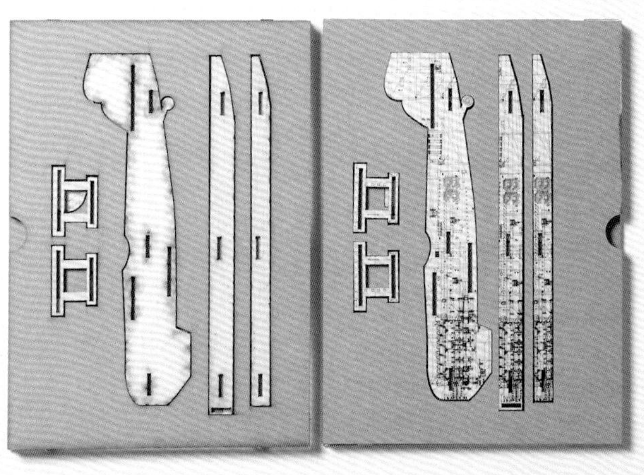

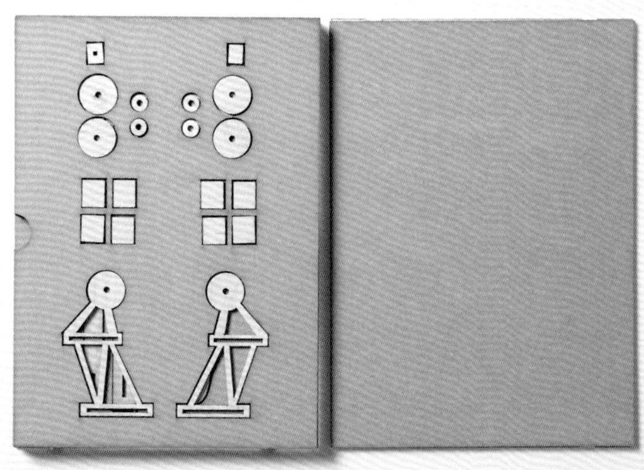

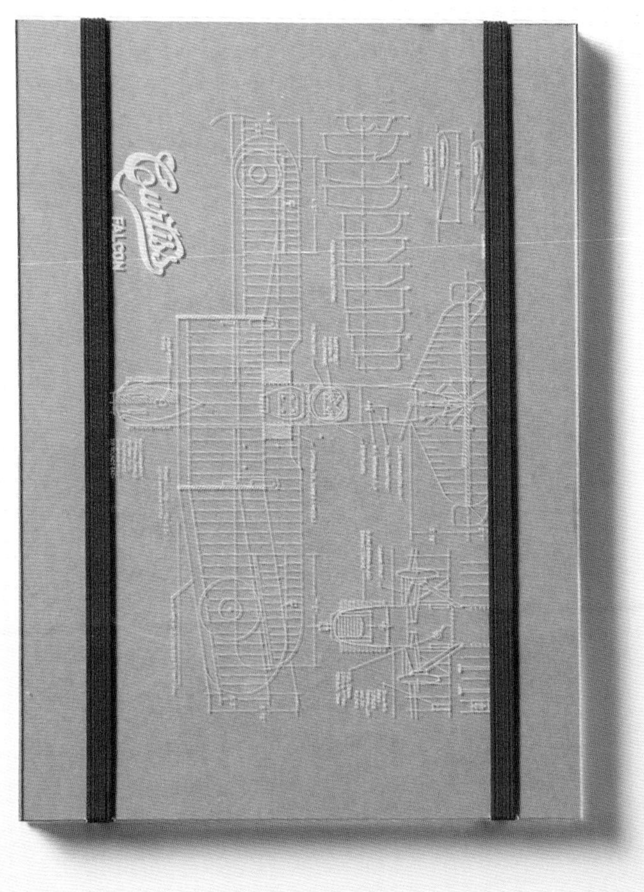

99.98

设计师：玛丽 · 瓦伦西亚
国家：新西兰
摄影：托尼 · 布朗约翰

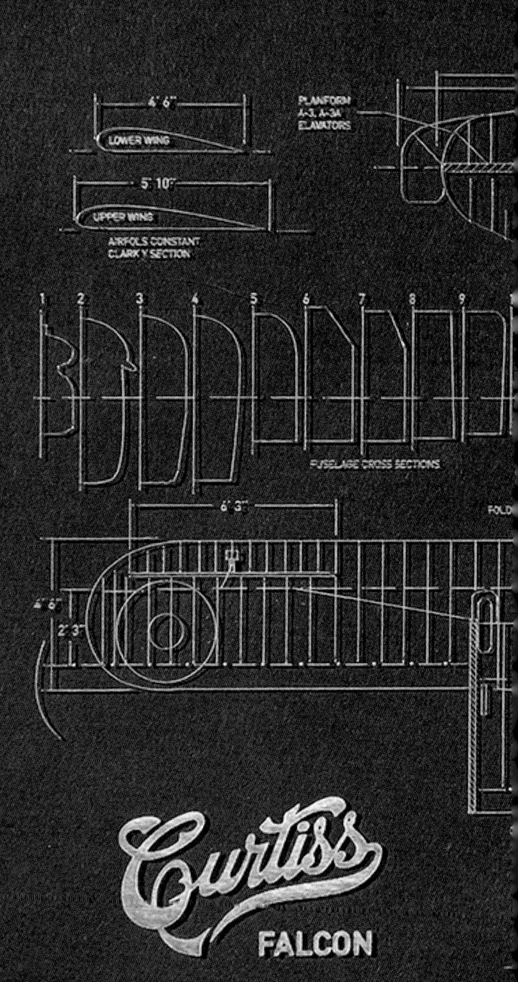
4' 6"
LOWER WING
5' 10"
UPPER WING
AIRFOILS CONSTANT
CLARK Y SECTION
PLANFORM
A-3, A-3A
ELAVATORS
FUSELAGE CROSS SECTIONS
6' 3"
4' 6"
2' 3"
Curtiss
FALCON

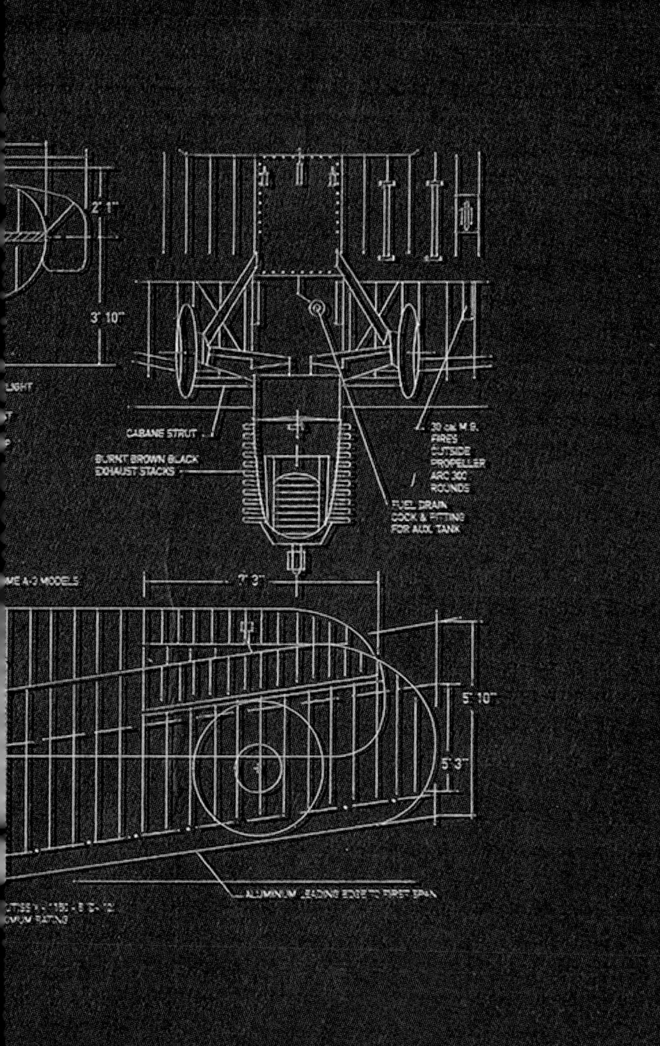

99.98

设计师：玛丽 · 瓦伦西亚
国家：新西兰
摄影：托尼 · 布朗约翰

烯烃肥皂包装
(PAOS Soap Packaging)

设计师：巴拉兹 · 凯蒂
国家：匈牙利

这款高级肥皂的包装使用了矢量化的肥皂图案。盒子侧面设计了小的象形符号，告诉顾客包装里肥皂的类型。

PAOS
PRÉMIUM SZAPPAN
natúr illat
normál bőrre
pH 7,6
90 g

烯烃肥皂包装

设计师：巴拉兹 · 凯蒂
国家：匈牙利

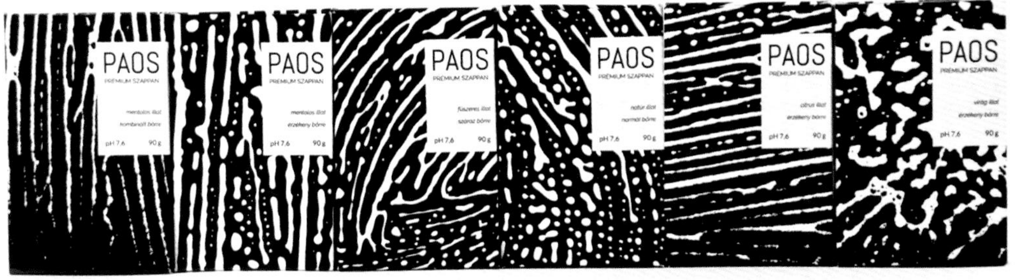

PAOS
PRÉMIUM SZAPPAN
mentolos illat
érzékeny bőrre
pH 7,6
90 g
PAOS

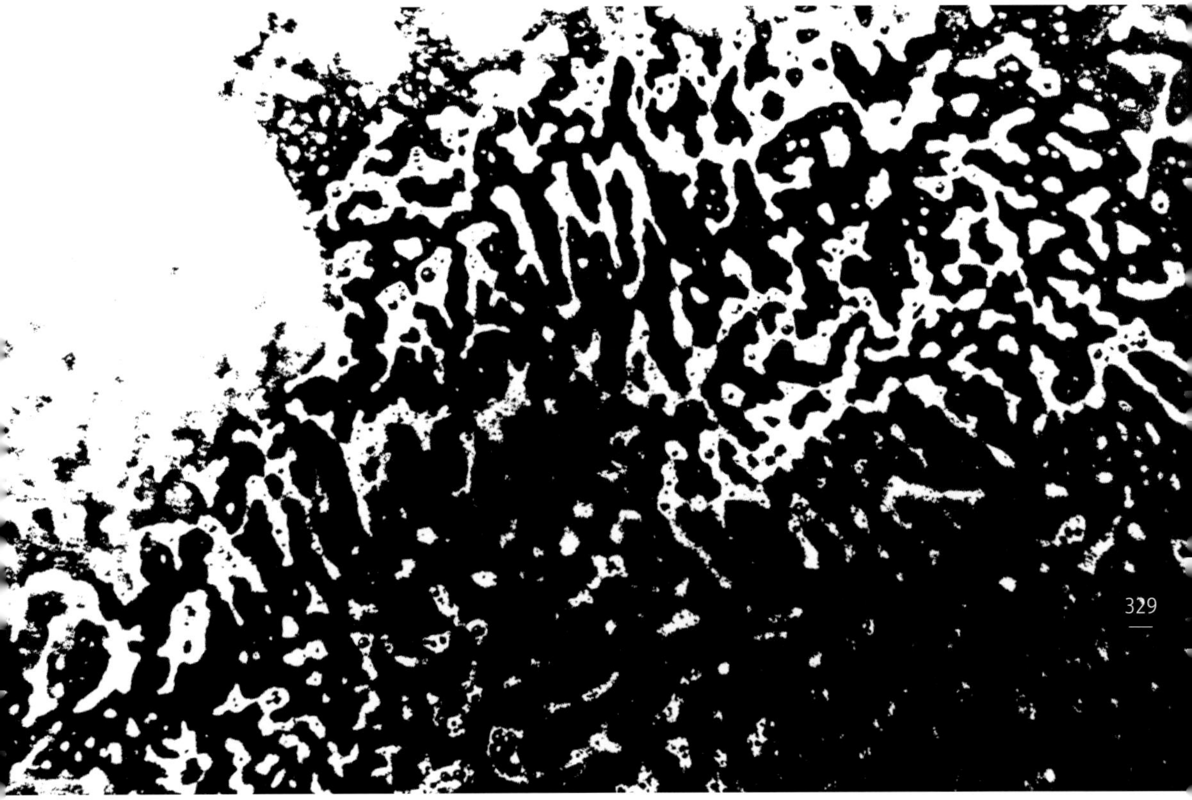

趣多 (Chudo)

设计师：阿列克谢·帕什宁 (Aleksei Pashnin)
国家：俄罗斯

这是一套清洁产品的系列包装，是为崇尚天然无公害产品的年轻人而设计的。鲜艳的颜色和醒目的标语吸引了消费者的眼球。包装上的图案取材于民间制作清洁剂的原料。

Натуральное Чистящее
Средство
ЧУДО
СРЕДСТВО ЧИСТЯЩЕЕ
ДЛЯ МЫТЬЯ КОВРОВ
СРЕДСТВО ЧИСТЯЩЕЕ
ДЛЯ МЫТЬЯ ВСЕХ ВИДОВ
НА ОСНОВЕ ХОЗЯЙСТВЕННОГО
МЫЛА И ЭФИРНОГО МАСЛА
ПОЛЫНИ. Полынь имеет репутацию
санитарно-гигиенического средства.
Её издревле использовали как
дезинфицирующее средство.
Эфирное масло полыни
расслабляет и нормализует
работу нервной системы.

FM
SHOWER GEL
Kurt's
rage
WITH GUARANA

FM
SHOWER GEL
Michael's
passion
WITH GRAPE

Tupac's
coolness
WITH MINT

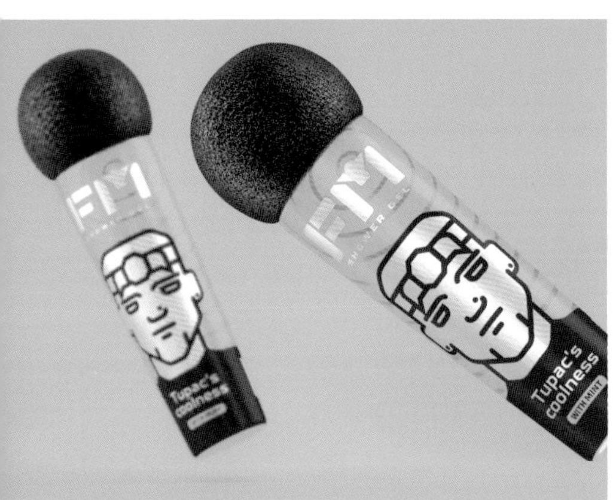

调频沐浴露 (Fm Shower Gel)

设计师：阿列克谢 · 帕什宁
国家：俄罗斯

你喜欢在淋浴的时候唱歌吗？如果你的答案是肯定的，那么这款沐浴露正好是你所需要的。科特 · 科本 (Curt Cobain)、迈克尔 · 杰克逊 (Michael Jackson) 和图帕克 · 沙克 (Tupac Shakur) 将帮助你一展歌喉。包装顶部的海绵，也可以当作话筒。抛开羞怯，你就是一位超级巨星！但是要小心，你的邻居可能会来敲门，当然不是为了要你的亲笔签名！

调频沐浴露

设计师：阿列克谢 · 帕什宁
国家：俄罗斯

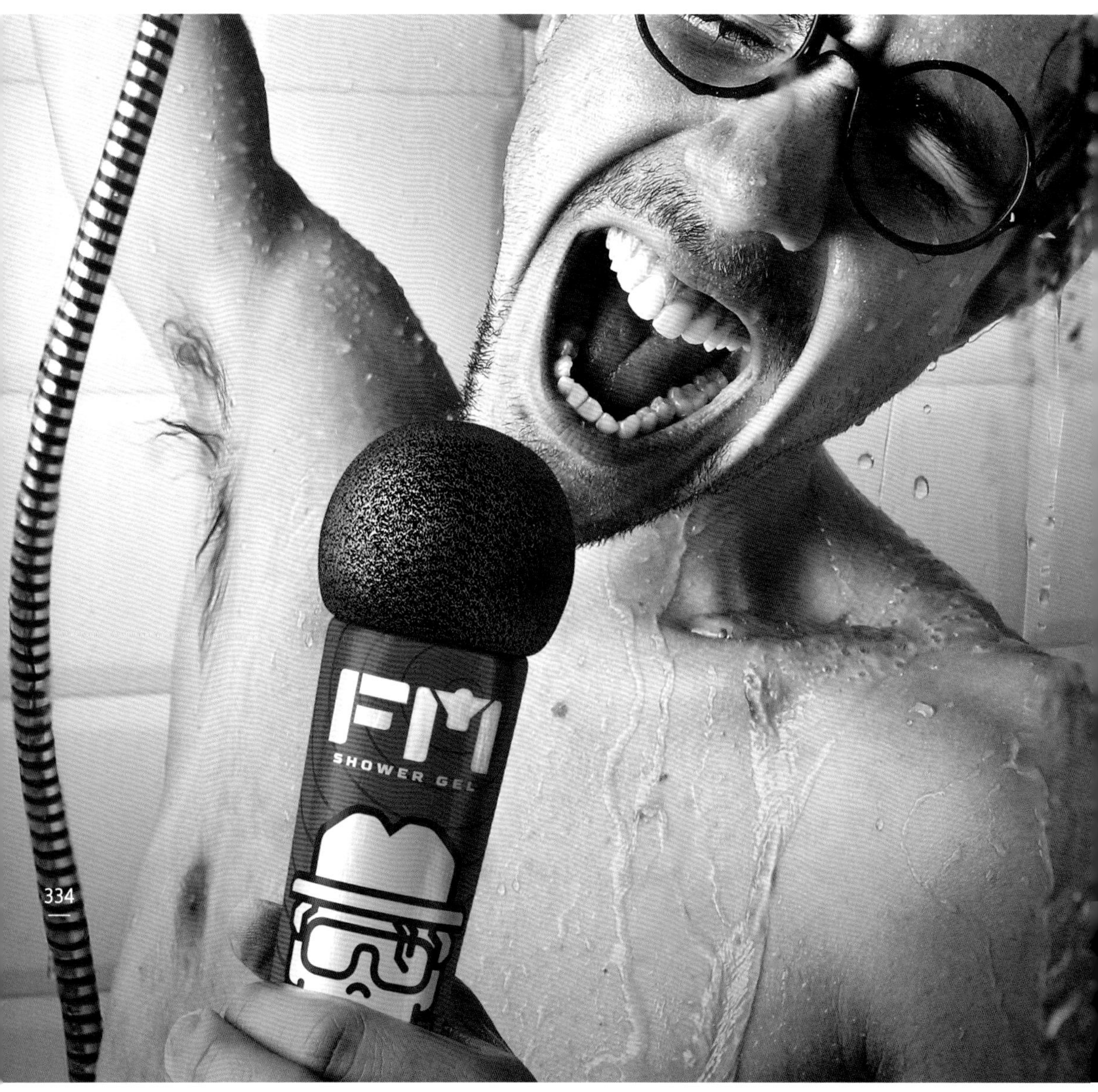

CAUTION
ENJOY YOURSELF!
200 ml
HOW TO USE
SHOWER GEL
SHOWER GEL

70 30
Gusto
fresco
electronic vaporizer
Gusto
tonico
70 30
3

高士特 (Gusto)

设计师：阿列克谢·帕什宁
国家：俄罗斯

这是为一系列电子烟用液体进行的视觉形象设计。产品的主要特点是味道非常爽口，各式浆果和甜点的味道相搭配。高士特在西班牙语里是“味道”的意思，这个名字直接传达出了产品的主要特点。

首先我试着把味道爽口这个主要特点体现在设计上。舌头是最合适的象征，因为我们是用舌头品尝美味的。此外，舌头的形象简单易懂，会成为货架上的亮点，很容易被消费者记住。

ICE
LAIR
liquid for electronic
vaporizer
SWEET
FROST
3

冰穴 (Ice Lair)

设计师：阿列克谢 · 帕什宁
国家：俄罗斯

这是为电子烟用液体设计的名称和标识。产品的主要特点是其冰霜口感，主要在俄罗斯销售。

设计要突出产品的两个关键特性——冰霜口感和出口目的地。我用一只熊的形象来象征俄罗斯，把它画成玻璃上结霜的样子，既体现了产品的口感，也体现了俄罗斯冬季的严寒。冰穴这一名字突显了产品特色，强化了产品形象。

LA PIERRE

COSMETICS

拉皮埃尔 (LaPierre)

设计机构：雷诺兹和雷纳
设计师：亚历山大 · 安德烈耶夫、阿尔乔姆 · 库利克
国家：乌克兰
客户：拉皮埃尔美妆 (LaPierre Cosmetics)

拉皮埃尔是公司创始人的母亲，2014 年因癌症去世。此后该公司便定期从每瓶售出的指甲油中捐出 1 美元，以资助癌症患者。拉皮埃尔旧标识中有罗马数字 "III"，是因为创始人的母亲是家中的第三个孩子。重新设计后，我们增加了 "L" 和 "P" 这两个字母，看起来既像法国火枪手的锐利重剑，又像涂上拉皮埃尔指甲油后的漂亮指甲。

"拉皮埃尔" 一词起源于法语，含义是 "一块岩石"。包装取此内涵，设计成镂空的岩石。

Logotype process:
The previous LaPierre logo contained the Roman figure "III" as the founder's mother was the third child in the family. Redesigning the idea we supplemented it with "L" and "P" letters that resemble an epee of a French musketeer, the same ideal and sharp like nails covered by LaPierre.
III + P + =
Letter "P" by word PIERRE
French officer's swords is the cultural heritage of the family LA PIERRE
Final mark

立皮埃尔

计机构：雷诺兹和雷纳
计师：亚历山大·安德烈耶夫、阿尔乔姆·库利克
家：乌克兰
户：拉皮埃尔美妆

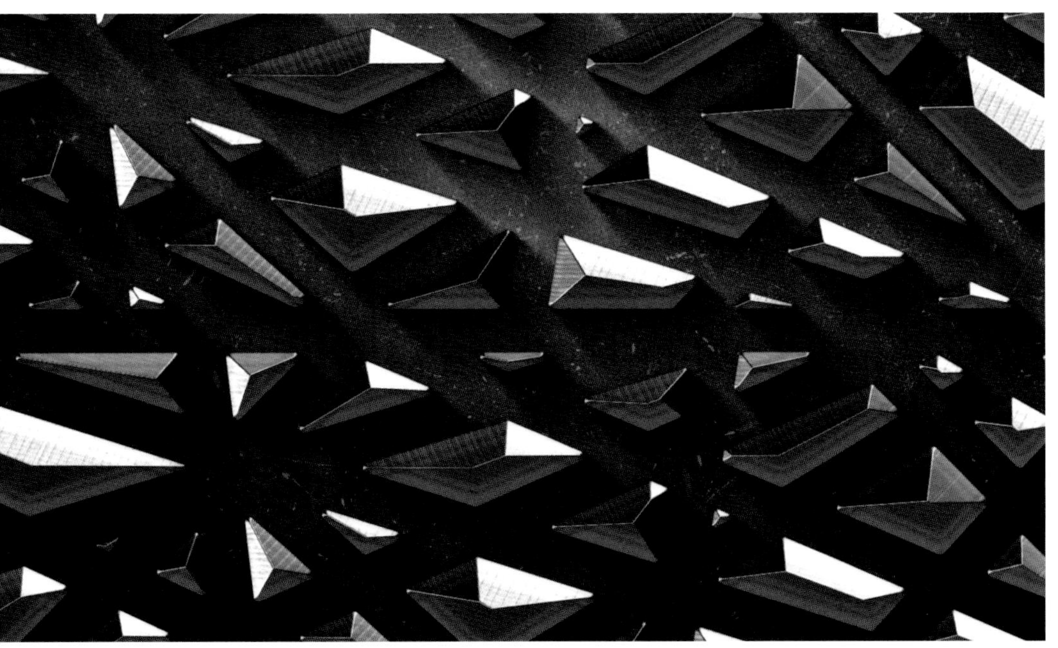

可可小屋购物袋
(Kokoa Hut Shopping Bag)

设计机构：及时设计
国家：泰国
客户：花卉食品有限责任公司 (Flower Food Co.,Ltd.)

包装不仅可以展示产品的品牌和特性，还可以传递购买者的感受。这个想法启发了我们的团队设计出一个购物袋，它可以与消费者形成互动。袋子的前面由许多小方框组成，只需要翻转小方框，就可以创造一个你喜欢的图像或字母。情人节的时候，如果一位先生想给他的恋人买可可小屋巧克力，他就可以翻转每个小方框，形成一个大大的心形，把他的爱意传递给对方。这种独特的设计，会让受赠者印象深刻。

KoK
chocola
happiness begins

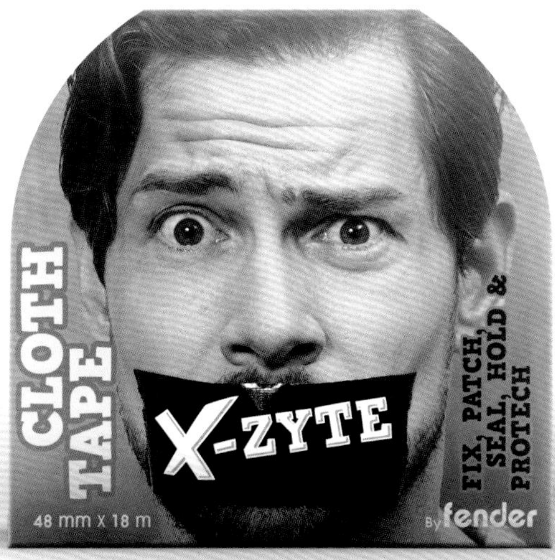
CLOTH TAPE
X-ZYTE
FIX, PATCH, SEAL, HOLD & PROTECH
48 mm X 18 m
By fender

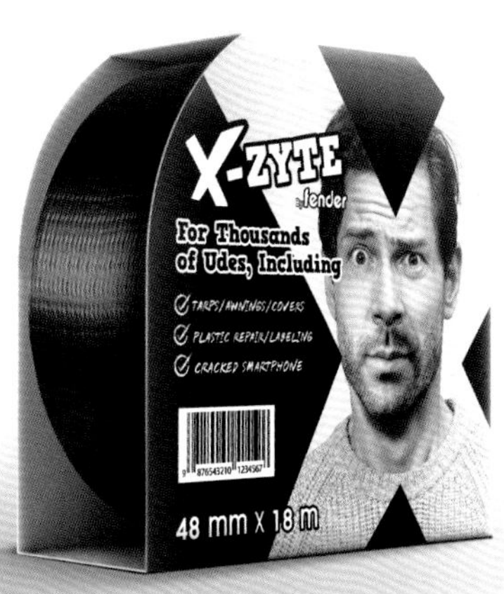
X-ZYTE
By fender
For Thousands of Udes, Including
TARPS/AWNINGS/COVERS
PLASTIC REPAIR/LABELING
CRACKED SMARTPHONE
48 mm X 18 m

MARKING TAPE
X-ZYTE
FIX, PATCH, SEAL, HOLD & PROTECH
48 mm X 18 m
OPP TAPE CLEAR
X-ZYTE
FIX, PATCH, SEAL, HOLD & PROTECH
By fender
48 mm X 18 m
CLOTH TAPE
X-ZYTE
FIX, PATCH, SEAL, HOLD & PROTECH
fender
48 mm X 18 m

X-Zyte 胶带

设计机构：及时设计
国家：泰国
客户：C.T.R. 昌盛有限责任公司
(C.T.R. Prosperity Limited Partnership)

看这些人脸上激动的表情，好像他们都想告诉你些什么，但是嘴巴却全被胶带封住了。只要翻到包装的另一面，就能找到你所好奇的问题的答案。嘴巴处字母"X-Zyte"的详细信息都写在了包装的背面。我们设计了不同职业人群的典型形象，每一类人都用了不同的封嘴胶带。比如说，家庭维修工用的是布胶带，油漆工人用的是纸胶带，做家务的家庭主妇用的是聚丙烯胶带。

这种新的包装会改变消费者对胶带的看法，从传统而又沉闷变得有趣而又时尚，也使得 X-Zyte 胶带与黏合剂市场的其他品牌形成差异化。在随后的线上促销活动中，这种胶粘嘴巴的行为在消费者中迅速而广泛地传播开来。

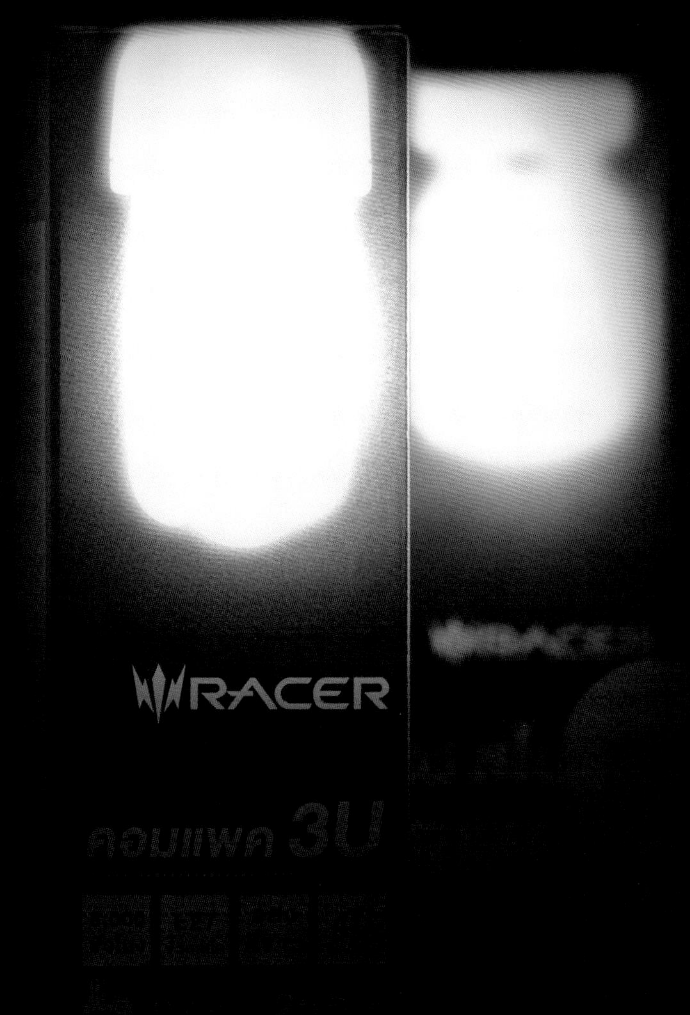

赛车手电灯灯泡包装
(Racer Electric Light- bulb Packaging)

设计机构：及时设计
国家：泰国

通过使用色彩对比来创造醒目的设计。比如将背景中的黑色与标签上的照明颜色相结合，突显包装上的荧光灯效果。这种“夜光技术”使该产品家喻户晓，受到消费者的认可。

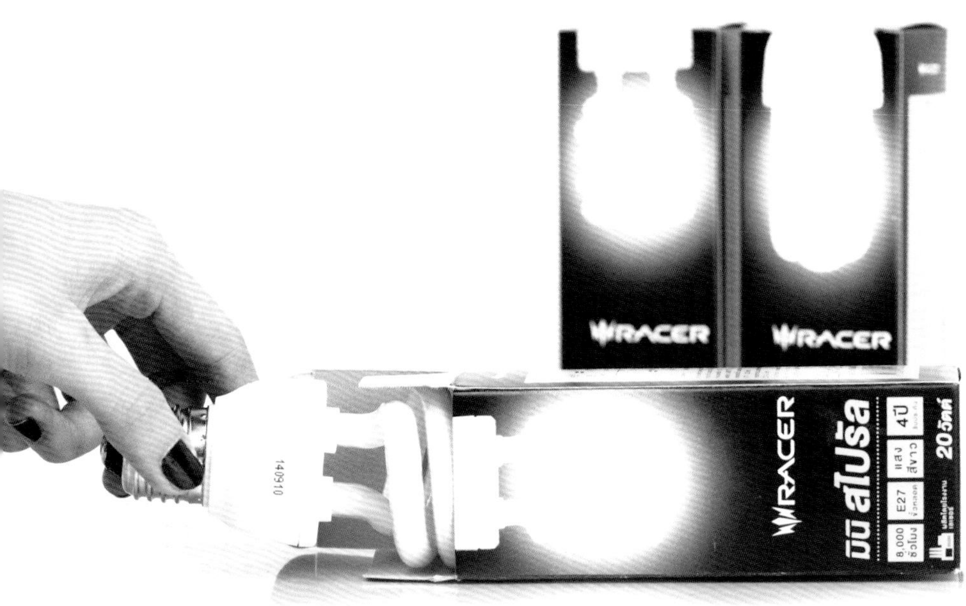
RACER
RACER
RACER

RACER
MINI SPIRAL
8,000 Hrs.
E27 Base
Day Light
4 Years
20watt
RACER
COMPACT 3U
8,000 Hrs.
E27 Base
Day Light
4 Years
25watt
RACER
INCANDESCENT LAMP
8,000 Hrs.
E27 Base
Day Light
4 Years
60watt
RACER
RACER ELECTRIC (THAILAND) CO.,LTD
FLUORESCENT
8,000 Hrs.
E27 Base
Day Light
4 Years
32watt
MADE IN THAILAND

H4U

MATERIAL: STAINLESS STEEL/EASY TO INSTALL

SUPER STEEL

JAPAN

H4U

MATERIAL: STAINLESS STEEL/EASY TO INSTALL

DOOR BOLTS

H4U 门把手包装

设计机构：及时设计
国家：泰国
创意总监：奥拉万·钟皮桑帕塔纳 (Orawan Jongpisanpattana)

“买到和房门搭配的门把手总是很难。”这款设计就是为了解决这个难题，让顾客更容易买到心仪的门把手。我们使用了吸塑包装，将 H4U 门把手放在包装的左边。包装底图仿照真实的房门纹理而设计，比如金属的、木质的或者塑胶的。这些仿真的纹理吸引了目标受众，增加了商品上架率。

致谢

衷心感谢所有投稿本书的艺术家、设计师与设计机构，感谢所有参与本书设计与制作的工作人员、翻译人员及印务公司，如果没有他们的努力与贡献，本书也不会以一种优美的姿态呈现在读者面前。重视所有朋友提出的宝贵意见和建议，我们一定会更加努力，坚持不懈地追求完美，让每一本书都以高品质的面貌呈现。

加入我们

如果您想加入 DESIGNERBOOK 的后续项目及出版物，请将您的作品及信息提交至 edit@designerbooks.com.cn。

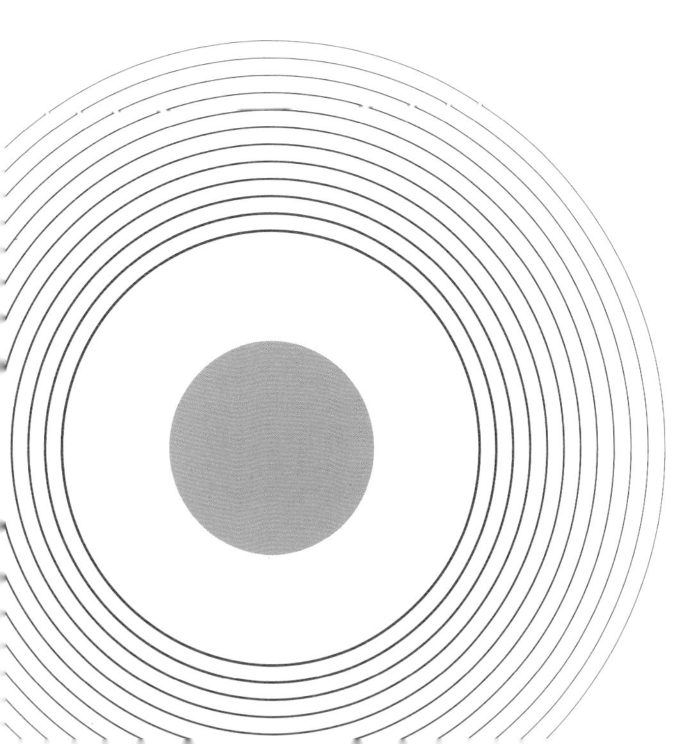